辅导员心理健康教育工作指导丛书

大学生心理危机干预辅导员手册

张继明 王东升◎主编

北京师范大学出版集团
BEIJING NORMAL UNIVERSITY PUBLISHING GROUP
北京师范大学出版社

图书在版编目（CIP）数据

大学生心理危机干预辅导员手册 / 张继明，王东升主编. —北京：北京师范大学出版社，2018.10（2025.4重印）
（辅导员心理健康教育工作指导丛书）
ISBN 978-7-303-23747-0

Ⅰ. ①大… Ⅱ. ①张… ②王… Ⅲ. ①大学生－心理干预－研究 Ⅳ. ①B844.2

中国版本图书馆CIP数据核字（2018）第098728号

DAXUESHENG XINLIWEIJI GANYU FUDAOYUAN SHOUCE
出版发行：北京师范大学出版社 https://www.bnupg.com
北京市西城区新街口外大街 12-3 号
邮政编码：100088
印　　刷：北京虎彩文化传播有限公司
经　　销：全国新华书店
开　　本：787 mm × 1092 mm 1/16
印　　张：10.5
字　　数：162 千字
版　　次：2018 年 10 月第 1 版
印　　次：2025 年 4 月第 5 次印刷
定　　价：49.00元

策划编辑：何　琳　　责任编辑：杨磊磊　梁宏宇
美术编辑：李向昕　　装帧设计：锋尚设计
责任校对：李云虎　　责任印制：马　洁

《辅导员心理健康教育工作指导丛书》编委会

总 序

田 辉

北京师范大学学生心理咨询与服务中心是中国高校成立最早的心理咨询中心之一，是北京高校学生心理素质教育示范基地，长期以来在北京市高校辅导员心理健康教育能力培训中发挥着重要的作用。学生心理咨询与服务中心组织编写了《辅导员心理健康教育工作指导丛书》，对提升广大辅导员心理健康教育能力具有重要的参考和借鉴作用。

丛书包括《大学生常见心理行为问题案例集》《大学生心理危机干预辅导员手册》和《成长的脚步——大学生朋辈团体辅导的理论与实践》。丛书反映了我校辅导员与学生心理咨询与服务中心协同工作的成绩和经验，是我校辅导员在学生心理素质教育工作中的实践和理论探索的成果。

《大学生常见心理行为问题案例集》，列举了包括学习、网络成瘾、人际关系、情感问题、心理疾病、心理危机等大学生常见的不同类型心理行为问题。每个案例由辅导员进行案例处理过程描述、总结经验，学生心理咨询与服务中心的老师进行专业点评，以便帮助辅导员清楚地认识到，在面对学生的心理行为问题时，自己的位置和界限在哪里，如何寻求专业支持和帮助，减轻学生的心理压力，更好地为学生服务。

《大学生心理危机干预辅导员手册》，则是以大学生心理健康教育为基础，帮助辅导员充分理解和认识大学生出现心理危机问题的内在机制，以及面对大学生的心理危机问题时，辅导员如何及时沟通、科学应对、有效处置，并引导辅导员积极面对危机干预过程中自身容易出现的情绪压力问题以及怎样加强自我关爱。

《成长的脚步——大学生朋辈团体辅导的理论与实践》，源于咨询中心坚持开展了十多年的成长训练营项目实践，尤其重视传统文化在团体辅导中的应用。本书介绍了朋辈团体辅导的设计原理，详细地分享了朋辈教练的培养方式、朋辈团体的实操指南，为辅导员培养朋辈教练、带领朋辈团体提供了非常具体的操作指导，方便辅导员随时查阅使用。

衷心感谢我校学生心理咨询与服务中心和工作在一线的辅导员们。我的这些亲爱的同事们，忠诚于党的教育事业，坚持以学生发展为本，以高度的责任意识、出色的业务能力以及刻苦的求索精神为学生的成长尽心竭力。希望他们的经验能对广大辅导员更好地开展工作有所助益。

2018年8月于北京师范大学

Preface
前 言

党的二十大报告中提出“推进健康中国建设”重大任务，要“把保障人民健康放在优先发展的战略位置，完善人民健康促进政策”，并强调要“重视心理健康和精神卫生”。习近平总书记在此前的全国高校思想政治工作会议上强调，“要培育理性平和的健康心态，加强人文关怀和心理疏导”。对大学生群体而言，大学生涯是一个关键的人生阶段，他们在学习掌握知识技能的同时，也需要不断发展完善各项心理素质，为将来走向社会做准备。在这个特殊阶段，心理危机干预既是大学心理健康教育和服务的重中之重，也是维护高校和谐稳定环境的关键举措。

2006年9月，我入职北京师范大学学生心理咨询与服务中心，在做心理咨询的同时，也负责本校的心理危机干预工作。这是我和高校辅导员在危机干预战线并肩战斗的开始，也正是从那时开始，我认识到辅导员是一个多么令人尊敬的群体，而他们又是怎样承担着压力，在困难的情况下努力工作的。

当前国内高校的学生管理工作中，辅导员在某个意义上扮演着学生父母的角色，与此同时，他们都肩负着一个重要的责任，即避免学生出现心理危机。面对这一责任和要求，我曾经感受到辅导员群体的压力和无力。因为要同时负责几十名甚至上百名学生的日常管理，他们必须要做大量的工作，如果出现一个甚至几个处于心理危机状态，需要及时关注和干预的学生，加之有的学生家长不能理解和配合，辅导员的工作压力就会非常大，甚至影响身心健康和工作效率。曾经有一位辅导员就跟我说，她在家里总觉得电话在响或者即将响起，一天都没有放松的时候，觉得自己都扛不下去了。

在北京师范大学工作的十一年间，我和咨询中心的同事经常会接到院系辅导员的电话，询问自己的某个学生是否存在危机，或者应该如何应对某个处于危机状态的学生。在这些电话和沟通中，我能够感受到辅导员教师的责任感，也能感受到他们在处理学生心理危机时的紧张、担心和无助感。大部分辅导员教师不是心理学专业出身，基本没有相关的学习和训练经验，即使在入职时有过相关的培训，也基本上是点到即止，面对高校学生心理危机的复杂性和急迫性，这些训练就显得杯水车薪，难以为继。要持续提高应对学生心理危机的能力，辅导员的成长途径有二。其一，向自己身边的学工前辈学习。这些资深的学工前辈有着丰富的实践经验、有效的处理技巧，他们工作经验的传承是辅导员成长的重要资源。这部分资源可能存在的一个问题，就是经验的系统性。新辅导员即使在工作过程中保持持续学习的意识，但其学习到的内容往往是片段性的，需要进一步整理、吸收，需要较长的成长周期。其二，系统地学习，其中系统阅读相关书籍就是一个好办法。但目前这类书籍存在两个不足，一个是理论色彩过重，非心理学专业的辅导员阅读起来是比较困难的；另一个是专业色彩过浓。大多数危机干预的书籍都是从心理咨询角度进行指导，过于专业化，从辅导员角度出发的就更少了。正是这些情况，使得咨询中心的各位同事产生了写作非理论性的、从辅导员日常工作出发的心理危机干预类图书的想法，借此帮助辅导员从工作实际出发理解大学生的心理危机及其干预。

大学生学生心理危机干预是一项系统工作，如提升学生的心理素质，减少危机的产生也是危机干预的一个部分。所以，中心的同人们对本书做了如下设计：第一章（夏翠翠）介绍心理危机的总体概念；第二章（罗晓路）介绍如何针对性地开展相关心理教育；第三章（张继明）从危机将发生而又未完全呈现的潜在危机阶段介绍如何开展工作；第四章（宋振韶）对高校学生各类常见的心理危机形态提供处理建议；第五章和第六章（王东升）分别对抑郁症这一高校学生严重心理危机来源以及自杀这一最严重危机形态进行细致的解读；第七章（胡志峰）是一个比较特别的章节，从辅导员如何关爱自身的角度出发，提升辅导员的总体素质。同时，中心同人在撰写过程中，秉持低理论化、高实践性的思路，希望此书成为易读、易用的工具书。北京师范大学出版社的何琳老师在成书过程中也付出了很多的努力，正是她的不断推动，才使得书稿顺利完成，在此向何老师致谢！

在撰写过程中，限于撰写者的理论水平和工作经验，不免存在不足和疏漏，希望读者们在指正之余能够予以谅解。

张继明

于北京师范大学学生心理咨询与服务中心

2023年7月

Contents

目录

第一章
大学生心理危机概述

心理危机对学生本身、家长和老师的影响都非常大，谁也不愿意危机情况的发生。通常情况下，人们往往认为危机是突发的，出乎意料，然而，虽然危机只在一瞬间发生，但危机事件在发生之前，可能已经酝酿了很久。如果不能很快控制和及时缓解，危机就会导致人们在认知、情感和行为上出现功能失调以及社会功能的混乱。本章的目的就是协助辅导员了解大学生心理危机的基本概念以及对大学生心理危机的产生机制进行分析，了解什么样的情况下容易产生心理危机，以便更好地进行危机预防和干预。

为了帮助大家更好地理解本章的内容，请先看一个实际的案例：

小惠，大三女生。小惠平时学习成绩很好，也很努力，对班级上的事情很热心，也会帮辅导员做很多事情。但是她在一次班干部选举中落选了，因此心情非常糟糕，觉得大家不认可她，加上和男友闹矛盾，心情更加不好，于是找老师谈话。老师安慰了她，并肯定了她的成绩和能力，她的心情好转。几天之后，有学生向老师汇报：小惠打电话给她，说自己现在心情很不好，一直在哭，并说想离开学校。这名学生不在学校，不能立马赶到，于是打电话给辅导员。辅导员在学校立刻联系小惠，并和小惠聊天。在聊天的过程中，辅导员得知，小惠昨天刚和男友分手，是男友提出来的。男友和小惠是一个班的，小惠想不通为什么自己这么优秀却被抛弃了。现在，小惠不想在学校继续待下去了，一方面自己心里特别难受，另一方面又怕同学们会嘲笑她——居然被一个差劲的人抛弃了，她也不敢对别人说她分手了。班主任在和小惠聊天时发现小惠很敏感，想法也比较消极，而且自尊心特别强，很担心别人对自己有不好的评价，虽然人际关系不错，但从来不会在别人面前示弱，也不会与别人讲她和男友之间的矛盾。

小惠的表现是一个较为典型的心理危机初期的行为表现，如果辅导员能够充分重视，及时干预，是可以转危为安的，甚至使其成为个人成长的机会；反之，即使这个危险没有即刻爆发，也可能在以后的某个阶段，在其他诱因的作用下爆发出来。

第一节　心理危机的基本概念

一、心理危机的定义

危机（crisis）是一个在很多领域都广泛使用的概念，《辞海》对危机的解释是："危机是一种紧急状态。"《韦伯斯特词典》的解释是："决定性或至关紧要的时间、阶段或事件。"在心理学范畴里，危机通常指人类个体或群体无法利用现有资源和惯常应对机制加以处理的事件和遭遇。

心理危机则是强调危机事件给人的心理带来的巨大冲击。1954年，美国心理学家卡普兰（G.Caplan）首次提出心理危机的概念并对其进行了系统研究。他认为当一个人面对困难情境时，先前处理问题的方式及其惯常的支持系统不足以应对眼前的处境，即他必须面对的困难情境超过了他的应对能力时，这个人就会产生暂时的心理困扰，这种暂时性的心理失调状态就是心理危机。因此，心理危机可以说是个人在运用一般应付方式不能处理目前遇到的内外部应激时所发生的一种心理反应。格拉斯（Glass）进一步对心理危机进行了定义，他在卡普兰的基础上进一步强调了刺激或打击给个体带来的心理伤害。心理危机的产生不但与激发的事件有关，还取决于个人解决事件的有效资源。

从汉语"危机"一词来看，其包含两方面的内容，一方面是"危"，代表威胁或者危险，另一方面是"机"，代表机遇。所以危机并不是一个负面的词，它一方面有危险，但另一方面暗藏着新的机遇。危机当事人往往只看到了"危险"的一方面，而忽略了"机遇"，所以在危机干预的过程中，我们要更多地引导学生看到这个“机遇”。

在小惠的案例中，小惠遭受到双重打击，一是班干部落选，二是男友提出分手。这些事件的改变对小惠来说都是很负面的，她的理解就是对自己的否定，所以可能会引发心理危机，这主要是“危险”的一方面。但另一方面，如果小惠能够接受这个“挑战”，并没有因为班干部落选和男友提出分手而否定自己，而是不断地提升和改进自己，对小惠来说，这个“危险”其实就是一个重新认识自己和自我成长的机会。另一个可能的变化就是——很久以后，小惠告诉班主任：和男友分手后感觉轻松了很多，其实他俩并不合适，之前只是害怕被抛弃，所以没有放弃，现在看来也挺好的。她现在可以找一个更适合自己的人，同时也更清楚自己需要的是什么了。

二、心理危机的特点

1. 连续性

连续性是指大学生心理危机的发生并非一个点，而是一条连续的线。心理危机的发生往往与之前的许多问题相关。通常情况下，人们认为危机是突发的，具有爆发性，似乎是由一件事情带来的，而实际上心理危机的产生与之前的问题紧密相关。比如在小惠的案例中，她想离校出走，与之紧密相关的问题是班干部落选以及男友提出分手。在某些情况下，大学生的心理危机原因甚至存在于童年期、成长过程中的心理创伤等更为“遥远”的因素中。

2. 复杂性

大学生心理危机的另一个特点就是复杂性。不管是产生原因还是表现方式，它都不是单一的。有的危机产生原因可能是失恋，可能是身体疾病，还有的可能是经济问题，这部分我们会在后面详细阐述。大学生心理危机从表现方式来看也是复杂的，有的危机表现为离校出走，有的是伤害自己，有的则是伤害别人。

3. 破坏性

心理危机还有一个特点就是破坏性。不管是离校出走、自伤、伤人，抑或是对学习、生活环境造成的破坏，引发的家长、老师和同学的担心、伤痛都是巨大的。研究表明，一个人自杀，平均会对六个人产生影响，可见其破坏性。

三、心理危机的发展过程

心理危机的发生并不是突然的，而是一个动态发展的过程。在危机的不同阶段，个体会有不同的心理和行为表现。卡普兰在其提出的危机理论中描述了危机反应的演变过程，处于危机中的个体要经历四个阶段。

第一阶段，当个体感受到自己的生活突然出现变化，或即将出现变化时，内心的基本平衡被打破，表现为警觉性提高，开始体验到紧张。为了达到新的平衡，个体试图用自己以前在压力下所习惯采取的策略做出反应。

第二阶段，个体经过前一阶段的努力和尝试，发现自己惯常的解决问题的方法不能奏效，因此焦虑程度开始增加。为了找到新的解决办法，个体试图尝试其他办法来解决问题。

第三阶段，如果其他方法仍未能有效地解决问题，个体内心的紧张程度会持续增加，并想方设法地寻求和尝试新的解决办法。这个阶段也是干预的重要阶段。

第四阶段，如果当事人经过前三个阶段仍未有效地解决问题，会很容易产生习惯性无助。个体会对自己失去希望和信心，甚至对整个生命的意义产生怀疑，产生绝望感。心理危机往往在这个阶段爆发。

临床实践研究表明，心理危机的发生必须满足下列三个条件：第一，生活中出现了导致心理压力的重大或意外事件；第二，躯体和意识出现不适感，但尚未达到精神病的程度，不符合任何精神病诊断特征；第三，遭遇到依靠自身能力无法应付的困境。

第二节 大学生心理危机的产生

心理危机的产生是一个复杂的过程，往往并非单一因素导致。通常来看，心理危机的产生是外在事件（应激源）和个体内在共同作用的结果。

一、大学生心理危机的产生机制

心理危机的产生首先要有应激源，即能引发应对反应的刺激或环境，也就是能引发心理危机的事件（外因）。例如，失恋可以是一个应激源。但事件本身不一定会直接引发心理危机，还要通过个体的应对能力等因素发挥作用，即个体的内在特征。

对于个体的内在特征，不同的理论流派的阐释并不相同，理解起来需要较为系统的心理学知识和训练，对非心理学专业的辅导员群体来说也不是非常必要，这里我们要介绍另一个理论——萨提亚模式的冰山理论。这个理论采用了精神分析学派对心理结构的冰山隐喻，但更为全面和深刻地阐释了人丰富的内在，同时非专业人士也比较容易理解。

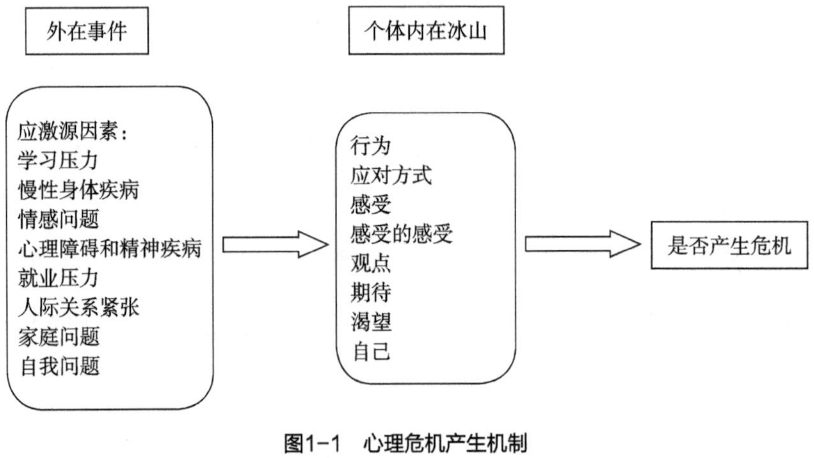

图1-1 心理危机产生机制

根据图1-1可知，当同样的事件发生在不同的人身上时，因为不同个体的“冰山”（内在心理系统构成）不同，其应对结果可能会不一样。比如，A和B两个人同时失恋了，但他们的内在心理状态不同，其结果也不同。详见图1-2。

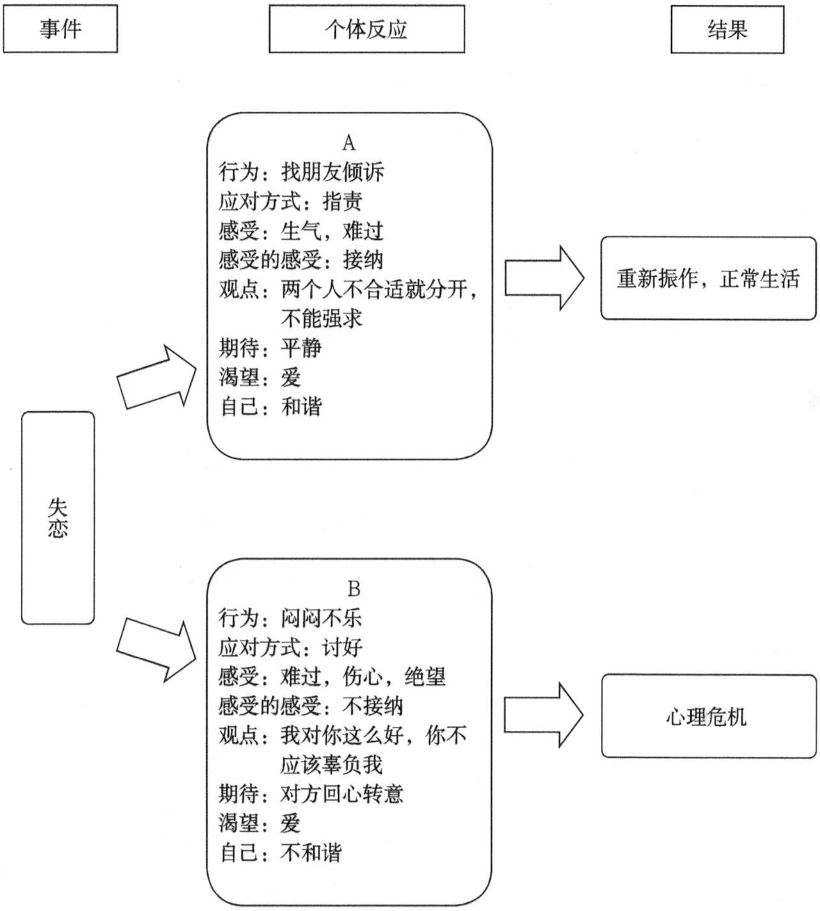

图1-2　心理危机产生机制举例

二、引发大学生产生心理危机的应激源

大学生正处于生理发育基本成熟和部分心理发展相对滞后的特殊时期，人生观、价值观和世界观逐渐形成，但心理状态还不稳定，容易受到外界的各种影响而产生心理危机。大学阶段也是种种人生压力相对集中的阶段，当问题发展到一定程度而不能克服和有效解决时，极易引发自伤、自杀和伤人、杀人事件。当前引发大学生心理危机的具体问题有如下几个方面。

1. 学习压力和对大学环境的不适应

大学的学习特点和高中有明显的不同，如学习环境、学习内容、学分制等的不同，学生还面临着英语、计算机等级考试以及各类职业资格考试的压力等。许多学生进入大学后感到不适应，学习目标不明确，学习方法不恰当或者所学专业与自己的兴趣相抵触，部分学生成绩下滑严重。如果不能很好地面对学习上的挫折，学生就容易产生心理危机。

大一新生中，环境不适应的现象较为普遍。对于绝大部分学生来说，他们面临的是陌生的校园、生疏而又关系密切的新群体。多数学生是首次远离家门。离开长期依赖的父母、亲友和熟悉的环境，意味着今后将开始独立生活，所有的事都要自己解决，这些都会给大学生带来不同程度的环境应激。当这种应激超过限度时，他们就失眠、食欲不振、注意力不集中，适应环境更加困难，开始烦躁、焦虑不安、头疼、神经衰弱等，甚至可能出现离校的冲动行为。如果长期出现这样的不适应症状，学生就可能出现心理危机。

2. 慢性身体疾病

有慢性身体疾病的大学生也是心理危机的高发群体。一方面他们长期受疾病的折磨；另一方面疾病可能会影响到学习、生活和人际交往，给他们带来多重压力。例如，得乙肝的学生一方面很渴望与他人交往，但另一方面可能会遭到周围人的歧视和孤立，长期下来，就容易产生心理危机。

3. 情感问题

大学生正处于青春期，生理上趋于成熟，心智上有了一定的发展，对爱情生活有所追求和向往。大学生谈恋爱是一种普遍现象。但是很多大学生在恋爱中存在情感问题，如单相思、恋爱中的感情纠葛和失恋等心理挫折。特别是失恋，如果处理不好，在心理上受到极大伤害，可能会使学生心理失调，甚至精神崩溃，在短时期内出现极端的行为，如自杀或报复等。

4. 心理障碍和精神疾病

有长期心理障碍或者精神疾病的学生也很容易产生心理危机。尤其是心理障碍或者精神疾病本身就给学生带来巨大困扰，而这些疾病在短期内又无法消除，再遇到外在的一些诱因，如学习成绩下降、人际关系不良等，就更容易产生心理危机了。

5. 就业形势严峻，未进行职业生涯规划

目前国家在择业和就业中引入了双向选择的竞争机制。所有面临毕业的大学生都要接受社会的选择。就业岗位的要求日益提高，相当数量的大学生缺乏足够而必要的就业心理准备，毕业甚至未毕业时就出现了严重的就业心理压力。这些压力表现为无法紧张有序地进行大学后期的学习，整日忧心忡忡、情绪低落，出现严重的心理焦虑和躯体不适与障碍，心理承受能力越发脆弱。如不及时排解、调适，这些情绪往往有崩溃的隐患，导致消极、负面的后果。

在面临激烈的竞争时，有的学生缺少必要的职业生涯规划，在学校学习的过程中缺少目标，没有方向，感觉到迷茫，觉得生活没意义，这也是危机事件产生的来源之一。

6. 人际关系问题

从中学到大学，大学生面临着一种全新的人际关系。在中学时代，人际关系相对单纯，或许成绩好就会赢得大家的青睐。但是大学生的人际交往更为复杂、更为广泛、独立性更强、更具社会性。要获得良好的人际关系，需要一定的技巧，但并非每个大学生都能处理好。在处理各种人际关系的过程中，有相当数量的大学生会产生各种问题。一旦在这一过程中受挫，就可能表现为自我否定并陷入苦闷与焦虑之中，或因企图对抗而陷入困境，并由此产生心理问题。

7. 家庭问题

对于从小在顺境中长大的大学生来说，重大变故，如父母去世、家庭破裂、经济困难、犯罪或者其他重大家庭问题，极易导致情绪波动，使其产生失落感和悲观情绪，从而以极端行为对抗现实。对于家庭贫困的大学生来说，他们面临学费和生活费不能支付或者支付很困难的问题。他们虽然独立性强，勤劳简朴，学习刻苦，但是都

存在或多或少的精神上的困惑、不同程度的心理上的伤害，在生活水平和消费观念上与富裕家庭的学生有较大落差。经济因素限制了他们的人际交往，经济的压力也让他们不得不去勤工俭学，学习压力随之增大，在长期的自卑和压抑中也容易出现心理偏激等问题。

8. 自我问题

例如，有的学生很自卑，遇到挫折或者遭到别人拒绝后就容易产生心理危机。有的大学生对未来很迷茫，有一种存在危机，如找不到人生的意义，总是在思考人活着究竟为什么，这样也容易产生心理危机。

通常情况下，造成心理危机的也不一定是单一应激源，往往是多种问题交织在一起。例如，在小惠的案例中，其应激源就是落选和失恋。

三、大学生心理危机的内在因素

遇到了问题，并不一定会发生心理危机，就像现实生活中，并不是每一个失恋的人都会自杀，并不是每一个找不到工作的人都会报复社会，相反，绝大部分人都能从阴霾中走出来。是否会发生心理危机的决定性因素就是个体的内在。

萨提亚女士用了一个非常形象的比喻：这就像一座漂浮在水面上的巨大冰山，能够被外界看到的行为表现或应对方式只是露出水面的很小的一部分，大约只有八分之一，另外的八分之七则藏在水底，而藏在水下的更大的山体，就是长期受压抑并被我们忽略的“内在”。揭开冰山的秘密，我们会看到生命中的渴望、期待、观点和感受，看到真正的自我。

这就是萨提亚的冰山理论。它实际上是一个隐喻，指一个人的“自我”就像一座冰山一样，我们能看到的只是表面很少的一部分——行为，更大一部分的内在世界却藏在更深层，不为人所见，恰如冰山。冰山有七个层次：行为、应对方式（姿态）、感受和感受的感受、观点、期待、渴望和自己（见图1-3）。

接下来，我们将通过冰山理论来阐释大学生遇到心理危机时的表现，探究心理危

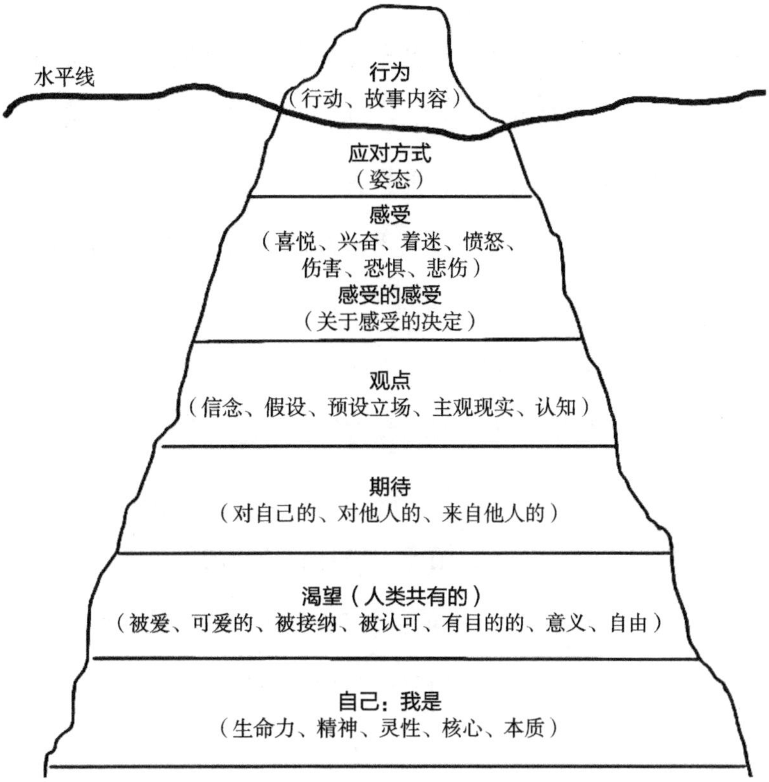

图1-3　萨提亚模式中的个人内在冰山

机的发生机制。

1. 行　为

行为是一个人的外在表现，如离开学校，破坏性的行为，挑战的言语和行为，反抗他人，长期逃课、逃学，明显的情绪变化，吸毒或者酗酒，网络成瘾，寻求一夜情，将自己的东西赠送给他人，等等。行为是可以被直接观察到的部分。

2. 应对方式

为了生存下去，人们在压力之下会有不同的应对方式：讨好、指责、超理智和打岔等。应对方式是个体在成长的过程中形成的。例如，一个呱呱坠地的婴儿，为了获得养育者的关注而生存下去，可能会通过微笑和其他方式逗乐他人；同样的一个婴儿，如果因哭闹少而得到养育者的关注，也许他就会封闭自己的感受和需要，变得超理智或者打岔。

使用讨好方式的个体可能会认为自己没有多大的存在价值，肯定别人而否定自己。他们体验到的可能是深层次的无价值感，认为自己不值得别人的关心和帮助，无望和无助。这类个体可能会自暴自弃，并且希望别人也放弃自己。总体来说，这类人更倾向于将问题指向自己，总认为自己不够好，因此更可能会出现自伤、自杀的情况。

使用指责方式的个体重视自己的感受，但往往忽略他人和周围的环境。这类学生对他人和周围环境有着很高的期待，如果期待没有得到满足，他们就会指责他人。这类个体更容易将问题指向外部的人和环境，更容易出现攻击、报复、伤害他人等冲动行为。

使用超理智方式的个体关注的是情景、信息和环境的细节，这类人可能会感到虚弱，没有控制感，而且感到与他人和自己内心有很深的隔阂。这类人的危机表现方式可能是沉迷于小说、网络游戏，将自己与他人隔离开来，更容易出现完美主义和强迫等行为。

使用打岔方式的个体没有归属感，也没有与人的联结感。这类人长期处于自我隔离的状态中，十分敏感，可能会感到极度悲伤。他们对内和对外都感到混乱和无序，往往会做出冲动性行为，如一夜情、感情的纠纷等。

需要说明的是，在焦虑的状态下，人们会使用各种应对方式，但是总有一种应对方式是更加常见的，而且并不能改变这些焦虑。

3. 感受及感受的感受

感受是我们对自我、他人和情境的情绪反应。在危机状态下，有的人可能会有非常丰富的情绪体验，有的人可能会因此麻木。通常情况下，这些感受可能是无助、无望、绝望、受伤、脆弱、挫败、悲痛、抑郁、恐惧、焦灼、内疚、愤怒、怨恨、被抛弃等。在这些感受中，特别是对于有自杀和伤人倾向的个体来说，最核心的情绪体验是绝望。

感受之所以对人有很大的影响，是因为人对感受也存在感受。对感受的感受能够影响人的自我价值，如有自杀倾向的大学生可能由于最先出现的感受（受伤、脆弱、挫败等）而感到羞愧和无价值。他们并不接纳和允许这些感受，最终导致自杀倾向的产生。

4. 观 点

个体的观点和信念会影响他们的动机和行为，特别是对于超理智的人来说，他们的观点非常强大和丰富。以下的观点常常在有自杀风险的人群中出现。

“我死了，别人会更好过。”

“我是不值得的，我不值得别人对我好。”

“全世界都抛弃了我。”

“我就是一个失败者。”

“自杀是我唯一的选择。”

5. 期 待

个体没有满足的渴望会转化为由他人满足他们的渴望的期待，这会降低个体为自己负责任的意愿。而当这些期待太高，不符合实际时，就会出现问题。例如，采用讨好的应对方式的个体会对自己有很高的期待，当达不到这个期待的时候，他可能会产生绝望感，从而出现危机；采用指责的应对方式的个体则会对他人或环境产生期待，而这些期待往往是不切实际的，当他人和环境不能满足他的期待时，他就会更加失望。符合实际的较高的期待可以成为防止自杀的保护性因素。

6. 渴 望

拥有爱、肯定、归属、联结、接纳、认同、意义、成长和自由等是人们共同的渴望。当人的渴望得到满足时，就会产生满足感、幸福感、和谐感。当渴望没有得到满足时，就会对个体的内心造成负面影响，导致对自己或者他人的高期待，进而导致一些消极的行为。例如，如果一个人渴望爱但又没有得到爱，他就会认为自己是不值得被爱的；如果一个人渴望获得价值感但又没有得到满足，他就会认为自己毫无价值；如果一个人渴望与人联结但又没有被满足，他就会远离自我；

如果一个人渴望依恋而没有被满足，他就会变得冷漠。渴望是内在非常重要的部分，能为生命赋予意义。

7. 自　己

自己是每一个人和他们的灵魂、本质、核心或者生命力的联结。生命的能量是通过这种生命力得到展现的。当个体可以与自己的生命力联结的时候，他会感到和谐、平和、安详、充满希望、渴求生命、高度自尊和承担责任的意愿。当人与自己割裂的时候，他们的生命力就会中断或者受阻，表现出较低的自我价值感，从而惩罚自己或者抛弃自己。

个体的内在冰山是如何形成的?

每个人都有自己非常独特和丰富的内在。个体的“冰山”是如何形成的？这与每个人独特的成长经历有关，通常情况下与家庭密切相关：一是从小与主要抚养人（大部分家庭是父母）的人际互动情况；二是家庭生活中的主要规则。这也是为何在危机干预中，我们非常关注危机个体的家庭情况。下面是两个例子。

案例1：她在成长的环境中得到了父母很多的关注和爱，因此她可以按照自己的内心需要来做选择。她的家庭鼓励表达和民主，在这样的家庭中成长起来的她得到了更多的爱，她也更爱自己。在遇到危机事件时，她有更健康的应对方式。

案例2：父母关系不好，父亲有外遇，母亲为了家庭没有提出离婚。她在成长过程中既需要面对一个疏离的父亲（并没有得到父亲太多的关注和爱），又需要面对一个每天都在抱怨的母亲，猜猜这个孩子在面对危机事件时，可能会有怎样的应对方式？

每个孩子都需要爱的滋养，而案例2中的孩子缺少这些滋养。当缺少这些滋养的时候，她可能会趋于讨好，觉得自己不可爱，认为只有让父母顺心了自己才可爱。实际上这个愿望很难实现，父母不可能因为孩子表现好而关系变好，于是她会更加觉得自己不可爱，没有价值。她有可能学会了指责，指责父亲不负责任，没有保护自己；也有可能变得超理智和打岔，把自己的内心封闭起来。这个家庭可能还会有一些家庭规则在潜移默化地影响孩子，如男人都不是好东西，女人天生就是脆弱的、没有力量的，等等。在这种家庭中成长起来的孩子自我价值感很低，遇到危机事件的时候更容易产生心理危机。

为什么我需要了解这个理论?

阅读到这里，可能你会茅塞顿开——哇，原来一个人的内心世界如此丰富。对于辅导员来说，如果我们只看到学生外在的行为，就很难理解为什么他会发生心理危机，为什么他这么脆弱，为什么他因为这点小事而想不开，为什么他一点都不为别人着想等。真正可以帮助我们理解正在经历心理危机的学生的，其实是体察到学生更为丰富的内在世界。而对于一个正在经历心理危机的学生来讲，周围人的理解、接纳和支持非常重要。对学生心理危机的正确理解，是心理危机干预的第一步。现在对于学生丰富的内在世界，你是不是有了更多的了解和理解?

第二章 大学生心理危机的预防

第一节　大学生群体的心理年龄特点

第二节　为大学生创造良好的外部心理环境

第三节　大学生心理危机预防的主题预防教育

大学生心理危机预防有三级目标体系：一级目标是把即将发生的危机遏制在萌芽状态；二级目标是降低危机的发生率；三级目标是促进个体成长和发展。多数大学生的心理危机是由学习问题、恋爱问题、人际关系问题、家庭问题、就业问题、各种身心疾病以及日常生活事件等引起的，属于大学生成长过程中必然经历的发展性危机，可以通过教育和辅导等方式来解决。辅导员在学校心理危机预防干预体系中发挥着非常重要的作用，他们配合院系主管学生工作的相关领导具体落实和实施心理健康教育、心理危机排查和干预工作，特别是在把即将发生的危机遏制在萌芽状态、降低危机的发生率、促进学生的成长和发展的三级体系中，他们的工作举足轻重。提升大学生的心理素质，促使其关注自身和他人心理健康，形成和谐的校园心理氛围，对减少心理危机事件的发生作用巨大。

罗伯茨提出的在公共卫生、人类服务工作、精神卫生方面的现代三级预防策略，同样适用于大学生群体。一级预防，即事先有目的地策划一些项目和活动来预防某些危机的发生，如对大学生进行有关性知识的教育。二级预防，即设计某些策略，尽量对危机进行早期干预，预防问题发展得更严重，如积极关注抑郁状态的学生，预防危机事件的发生。三级预防，即综合采用危机干预策略控制危机的扩大，如开通心理热线，提供足够的公共信息服务。因此，辅导员在大学生心理危机预防体系中，可以通过心理健康教育和心理危机预警两个方面开展心理危机预防工作。

第一节　大学生群体的心理年龄特点

大学阶段是个体步入社会的准备和过渡阶段，当代大学生处于十七八岁到二十二三岁这个成年初显期，处于从青少年期向成年期转变的阶段。这个年龄阶段并不仅是“延长的青春期”，还与青春期存在巨大的差别。大学生在这一时期离开家庭，很少受到父母的管束，具有独立探索精神。但是，这个阶段也并非成年初期。多数在校大学生还不能完全承担责任、独立自主、经济独立等，他们并没有感到自己已经进入成年初期。当代大学生具有以下特征，如勤于思考、独立自主、有批判性思维、情绪不太稳定、情感世界敏感而丰富、探索自我同一性等。在大学阶段，学生面临专业知识的学习、能力的发展、个性的完善、交友、恋爱、职业选择等重要的人生课题。个体在这个阶段获得的知识和生活经验，对于他们正确认识自己、他人和社会都有重要意义。了解大学生的心理年龄特点后，辅导员可以有的放矢地开展心理健康教育活动，提升大学生心理素质，预防心理危机事件的发生。

一、大学生的生理发展特点

大学生的年龄是十七八岁到二十二三岁，从生理角度来看，他们身体各器官的发育已基本成熟，身体形态和身体机能都为其学习、生活和心理发展提供必要的物质基础。大学生的身体形态主要包括身高、体重、胸围、骨盆宽等，其身体机能发育则在一定程度上影响其心理发展。

1. 神经系统的发育

大学阶段，个体大脑的结构基本和成人相似，脑的重量和容积也接近成人水平，但脑的发育尚未完全成熟，功能也在不断完善，脑细胞内部结构不断分化，其功能更加精巧和复杂化，神经细胞之间的联系大为增强，大脑兴奋性较强。所以，大学生的思维、观察、分析能力较增强，容易接受新鲜事物。但是，大学生也有情绪不够稳定、容易波动、自制力较差的一面。

2. 心血管和呼吸系统的发育

大学阶段，个体心脏的形态和机能等都接近成人水平，心率、脉搏减慢，血压基本稳定；个体的呼吸肌、胸廓、肺小叶等结构逐渐完善，肺泡容积增大，呼吸能力随之增强，呼吸频率逐渐减慢，呼吸深度增加。心肺功能增强使大学生能够从事比较激烈的运动，承担较为繁重的学习任务。

3. 运动系统的发育

大学阶段，个体的肌肉纤维变粗，肌肉力量加大，肌肉柔软松弛，肌肉发育落后于骨骼，力量和耐力较差，运动时容易疲劳。然而，如果个体的体内能量代谢高，能量充足，机体就有力。因此，大学生要注意养成健康的生活方式，合理膳食，保证充足的睡眠，使身体处于最佳状态，以充沛的精力从事学习和各种创造活动。

4. 性的发育

大学阶段，个体的第一性征和第二性征都有了明显的发展，性生理成熟，促使其性心理、性意识不断发展。因此，在大学阶段，发展恋爱关系是学生的一大课题。

二、大学生的心理发展特点

大学阶段，个体心理上也发生着显著的变化，他们正处在人生的重要发展阶段：亲密—孤独阶段，要完成的心理—社会任务是获得亲密感，克服孤独感，体验爱情。美国心理学家哈维格斯特（R.J.Havikghurst）认为，在这个阶段，大学生要学习与同龄男女的新的交往技巧，学习性别角色的社会化，认识自己的身体结构，在情绪上达到相对于父母和其他成人的独立，有信心实现经济独立，准备选择职业，为婚姻和家庭生活做准备，掌握作为社会成员所必需的知识，完成具有社会性责任的任务，学习作为行动准则的价值观和伦理体系。这些课题也是当代大学生正在或即将面临的重要心理发展课题。我们可以在了解大学生心理发展特点的基础上，帮助他们有效地完成这些人生任务。

1. 当代大学生的认知能力和学习特点

大学生的认知能力逐步成熟，思维表现出更多的逻辑和理性色彩。因此，在这一阶段，个体应该能够正确地认识自己、评价他人，客观地考察周围世界，积极适应社会生活。大学生的形式思维能力大大提高，为大学的学习和创造性活动提供了有利条件。大学生对于问题的思考不限于寻求原因与结果的逻辑关系，而是把由经验决定的合理性判断也引入思维过程之中。部分自我调节能力和目的感发展较好的大学生开始发展出辩证逻辑思维，他们能够把现有的心理结构更系统地运用到新知识和新环境中，能够把生活价值、奋斗目标与职业方向有机结合起来考虑，他们的思维已经开始转向对现实计划的思考，并使具有创见的洞察力、内心控制力和分析性评价结合起来。但是，从最近几年高校心理咨询中心的咨询实践中，我们发现，相当一部分大学生的自我认识能力还不客观，表现为过分自卑或自负，眼高手低，对他人的评价也不客观，常常一叶障目，非此即彼、非好即坏的线性思维导致他们缺乏变通性和灵活性。

大学时期是人才成长由“求学期”向“创造期”过渡的关键时期。由于思维方式的独立性和批判性正在迅速发展，大学生的学习特点也随之改变。

（1）大学生的学习具有自主性

大学生已经有了十多年的学习生活经历，积累了相当多的知识和经验，具备进行自我识别、自我探寻新知识的基础。学习上独立自主的意向活动，表现为不满足教师课堂上讲授的内容，希望从纵横两个方面拓展自己的知识面。多数大学生有自己的课外学习计划、学习时间和学习方法，也表现出自觉性和自控性。这说明大学生已经改变了中学时代相对于教师的依从地位，正在从被动学习向主动学习转化。大一学生需要在辅导员的指导下，尽快适应大学的学习方式，摆脱对教师的依赖。

（2）大学生的学习具有创造性

大学生的学习过程是一种能动的认识过程，大学生在校期间不仅要理解、掌握和巩固所学的知识，还应注重培养自己独立思考、探索创造的精神。大学阶段，随着专业中心兴趣的形成，大学生的理智感迅速发展，思维活跃，思考问题广泛，联想涉及面宽，好奇心与求知欲迅速增强，并且逐渐与人生追求的目标相结合。大学阶段是学生从“求学期”向“创造期”转变的阶段，即大学生的思维逐渐从正确再现教学内容向汇集众家所长、确立个人见解转变的阶段。大学生在系统学习知识、不断掌握专业技能的过程中，应当注意培养自己的探索和创造意识。通过对科学知识的探索活动，大学生应积极进行理论思维，把已掌握的理论和所要研究的问题结合起来，大胆地、创造性地把握学科最前沿的知识。另外，大学生还要逐步摒弃陈旧的思维方式和思维定式，激发和挖掘自己创新的兴趣和内在潜力。只有这样，大学生才能顺利地实现从被动学习向主动学习的转化，也只有这样，才能真正唤起大学生敢为人先、勇攀科学技术高峰的勇气。勇于探索和善于创造性地学习，是大学生具备创新精神的重要标志。

（3）大学生的学习具有专业性，但同时要兼顾复合性

随着现代科学技术和社会的发展，社会对人才素质的要求越来越高，人才之间的竞争也越来越激烈。真正的人才不仅要有自己十分擅长的专业领域，还需要具备一些通用能力。大学生能否适应社会需要，能否在激烈的竞争中立于不败之地，关键就在于其是否具备“专而不窄，广而有用”的知识和能力。应当把学生学习的专业性与选择性结合起来，这样才能真正培养出“一专多能”、适应社会、全面发展的复合型人才。

（4）大学生的学习具有选择性

有的大学生在入学前对大学专业的了解比较有限，因此很有可能在进入大学后发现所学专业与自己的兴趣不符。在这种情况下，我们应当帮助大学生探索自己真正的兴趣所在，同时要帮助他们分析现有专业中是否存在让其感兴趣的部分，避免大学生在还没有清楚地了解自己当前专业时就草率地下结论，这很容易使其陷入浮躁，会严重影响其学习状况。大学生对学习的选择性一方面体现了大学生学习的自主性，另一方面也可能出现一些大学生仅凭自己的兴趣爱好进行学习的状况，如喜欢的科目多学，不喜欢的科目即使很重要也不认真对待，结果可能导致其专业知识、技术没有真正学到手，毕业后不能适应本职工作的需要。这必然会加大学生在社会的激烈竞争中被淘汰的危险。因此，辅导员一方面要理解学生想要学自己感兴趣的知识的心情，另一方面也要给予一定的引导，帮助大学生意识到只有掌握全面的知识才能应对社会的竞争。

2. 当代大学生的自我意识特点

大学生的社会化程度提高，独立意识增强，他们希望摆脱对成人的依赖，希望在他人面前表达自己的观点，展现自己的才能。大学生的自我意识开始分化，出现“主观我”和“客观我”，“理想我”和“现实我”。自我意识的发展具有积极倾向，表现为强烈关心自我的发展，关注个人和社会的关系，积极主动地探索自我，经常问自己“我究竟是怎样的人，我在周围人的眼中是什么样子”。

大学生自我评价的能力趋于客观、全面、多元，并努力将自己培养为“理想的自我”。多数大学生的自尊心和上进心都较强，他们喜欢自己，能够接纳自己的不足。但是，大学生的自我体验也比较丰富和复杂，对他人的言行和态度极为敏感，尤其表现在宿舍人际关系、亲密关系中，常常会产生强烈的情绪波动。

大学生的自我控制能力有了很大的提高，他们有强烈的自我设计和自我规划意愿，在学习和生活中表现出较强的自觉性、坚持性、独立性和稳定性，希望摆脱家长的束缚。但当代大学生中独生子女较多，独立生活能力较差，在心理上仍然依赖成年人，无法做到真正的人格独立。他们根据自我设计的目标自觉调节行为的能力还不够，低年级部分学生可能还需要教师监督指导。

大学生自我意识的分化同时也带来了自我意识的矛盾，表现出明显的内心冲突。他们有远大的理想抱负，成就动机较强，但是，由于接触社会较少，生活范围较窄，还不能将现实自我和理想自我有机地结合起来。由于对“我是一个怎样的人”认识不足，多数学生自我评价过低，少数学生自我评价过高，因此，不能有效解决“我希望成为一个怎样的人”的问题。辅导员可以针对这一特点，对大一、大二的学生开展与“自我认识”与“生涯规划”相关的主题活动，引导大学生进行自我探索。

3. 当代大学生的情绪特点

情绪对我们的影响无处不在，良好的情绪有助于完成任务，可使身体更健康，而不良的情绪则对我们的学习、工作产生很大的负面影响。正如马克思所说，一种美好的心情比十副良药更能消除生理上的疲惫。拿破仑也曾说过，能控制好自己情绪的人，比能拿下一座城池的将军更伟大。情绪就像空气一样，常常在我们不经意之间悄无声息地影响着我们。一方面，情绪与人体的健康密切相关。中医理论认为，当“喜、怒、忧、思、悲、恐、惊”等情绪过盛时，身体就会产生病理改变，导致五脏受损，引发疾病。例如，人在高度的心理压力和恐惧状态下生活，可能会导致身体疾病。又如，有些被误诊为癌症的良性肿瘤患者，在知道医生的诊断后非常绝望，忧心忡忡，精神萎靡，身体逐渐消瘦，最终可能忧郁而死。另一方面，身体状态也可能对情绪产生影响。例如，睡眠过晚的人更可能有消极情绪表现，而睡眠充足的人往往有积极情绪表现，他们看待事物的方式也更加乐观。所以，大学生应该注意管理和疏导自己的情绪，做情绪的主人，避免因消极情绪造成巨大的损失。

大学阶段是一个人一生中情绪体验最为丰富的时期。大学生的情绪波动大，他们有时为学到知识、结交朋友而高兴，为学习、生活、爱情的成功而欢乐；有时又因考试失败、学业压力大、生活中的挫折而郁郁寡欢。由于大学生对一些问题的认识还不够成熟客观，看问题容易片面化，感情用事，因此，他们的情绪反应常常不稳定，在处理实际问题，特别是人际关系时，常常会出现不理智甚至幼稚的行为。大学生正处于埃里克森（E.H.Erikson）心理发展理论中的青春晚期（18~22岁），此时的心理危机是角色混乱与自我同一性的获得。情绪的发展与自我同一性的获得密切相关，自我同一性发展得好的个体，其自我感觉与个体在他人心中的感觉相对应。多数大学生已经获得了自我同一性，但一部分学生由于家庭、成长经历等原因，自我同一性没有发展好，进入大学后，就容易陷入角色混乱，产生种种不良情绪，如焦虑、抑郁、自卑、愤怒等。有的学生情绪起伏过大并且容易被破坏，这可能影响到他们的正常生活。常常会出现因情绪波动大而引起宿舍关系紧张，导致别人的误解的情况。一般来说，一个人的情绪是可以控制的，一旦控制失调，时而异常兴奋，时而抑郁低落，除特定的原因（如抑郁症等）外，就不是情绪本身的问题，而是自制力低的表现。

可见，了解大学生情绪的特点，帮助他们掌握情绪管理和应对压力的基本方法，培养他们积极乐观的心态，对于他们的健康成长十分重要。情绪管理的第一步是能识别情绪，觉察和体会自己正处于怎样的情绪状态中。如果情绪已经影响到你，但你还没有觉察，那你在不知不觉中就已经被情绪控制了。小时候，个体情绪感受力特别敏锐，而且能非常好地表达自己的情绪。但是，随着个体慢慢地长大，为了获得周围人的认同，他们会更加关注周围人的需求，越来越关注外界的人和事。特别是那些在只有表现好才能得到父母认同的家庭中长大的个体，他们的逻辑分析能力越来越强，情绪感受力却越来越差。对于那些完全丧失情绪感受力的大学生，我们建议他们接受心理咨询的帮助。当个体可以觉察自己情绪的时候，首先要做的就是接受自己的情绪，同时去体会这种情绪。任何一种情绪的产生都有其意义，正性情绪会提醒和推动人们靠近那些会让他们快乐和幸福的目标，负性情绪则会提醒和推动人们远离那些带给自己伤害和痛苦的人和事。欣赏和体会正性情绪，人们可以更好地享受生活、学习、工作；了解负性情绪，可以让人们远离危险和伤害，更好地生存。近几年来，随着社会压力的增加，到学校心理咨询中心求助的大学生人数呈逐年上升趋势，求助问题多集中在焦虑、抑郁、自卑、人际关系等方面。所以，辅导员有必要帮助学生认识情绪，认真去解读情绪，了解情绪背后所传递的信息，帮助他们欣赏和接纳那些负性情绪，而不要让他们因负性情绪产生困扰。

4. 当代大学生的人际交往特点

人是社会性动物，与他人交往是人的基本需要之一。对于大学生来说，学习与他人交往是重要主题之一。大学生正处于知识储备、人格形成、探索社会的重要时期，也是从未成熟到成熟、从校园步入社会，完成社会化任务的过渡时期。大学生在与他人交往的过程中，能认识人的社会本质，认识自我，发展自身的能力，学会爱他人，和他人相处。在与他人相处的过程中，个体会以他人为镜，客观地认识自己，并不断完善自己。因此，人际交往是影响大学生心理健康的重要因素之一。

很多调查发现，当代大学生热衷于人际交往，注意锻炼自己的交往能力，交往状况总体呈积极向上的良好局面。同时，也有一部分学生由于家庭、个性、情绪等因素，在人际交往中存在一些问题，值得关注和引导。例如，以自我为中心的倾向明显；少数大学生性格孤僻，不善于表达，回避交往，交往圈子狭窄（宿舍同学、老乡和老师等是他们最主要的交往对象）；还有学生人际关系紧张，常与人发生矛盾纠纷等。

要建立好的人际关系，同理心必不可少。儿童在2~7岁这个阶段只会从自己的立场与观点认识事物，不会从客观的、他人的立场去认识事物。一般来说，随着年龄增长，这种现象会消失。然而，当代大学生中不少人是独生子女，在家庭中处于中心地位，养成了自我中心的习惯，在与别人交往的过程中，往往会理所当然地认为别人应该有和自己相同的感受或反应。当别人的行为不符合自己的预期时，他就会生气，出现情绪困扰。一些调查发现，超过百分之十的大学生认为自己待人处世主要考虑自身的感受及自身的利益，认为活着就是要努力使自己成为他人关注的焦点；近百分之三十的大学生不喜欢配角工作，没能占领主导位置便会产生极强的失落感；还有少数大学生在课余时间选择以独处为主要方式，不喜欢别人搭讪、打扰，长期独来独往，不愿主动参与集体活动，存在性格孤僻的倾向和回避社交的心理。还有许多大学生由于长期以学习为中心，缺乏人际交往的能力，进入大学后又必须和同龄人生活在一起，常常会因生活习惯、性格等造成人际矛盾，甚至导致恶性事件。

随着科学技术的日新月异，人们的交往方式也在发生着剧烈的变化。一方面，大学生渴望与他人建立连接，得到周围人的认可；另一方面，网络交往成为大学生主要的交往方式之一，推动着学生社会关系的发展，深刻影响着学生的社会关系。大学生的社会关系从传统的以血缘、业缘、地缘等为纽带的人际关系发展到与陌生世界、无线网络世界联结的人际关系。网络中的人际交往与现实中的人际交往有很大的不同，它不可避免地对现实人际交往带来一些负面影响，部分大学生沉溺于微信、微博，每天用大量时间来“刷屏”，严重影响了正常的生活、学习和交往。有调查显示，11.78%的学生平均每天上网5小时以上，20.20%的学生平均每天上网3小时以上，22.72%的学生认为人机之间进行的网络交往影响了自己以往的人际关系。这一现象应引起辅导员的重视。辅导员应引导学生合理使用网络，及时发现网络成瘾的学生，推荐他们参加网络成瘾小组治疗。

提高大学生的人际交往能力和改善大学生的人际交往状况势在必行。因此，辅导员可以通过班级活动等形式，鼓励大学生积极与他人交往，不断扩展自己的交往范围，开阔心胸。性格内向、自卑的学生，总觉得别人瞧不起自己，他们比一般人敏感而且感受特别强烈，经不起刺激，在交往中会表现出回避、退缩等特点，辅导员应经常与他们接触，帮助他们正确认识自己，提高自我评价，发现自己的优势所在，把自己融于集体之中。还有一部分大学生在人际交往中存在嫉妒心理，常常与他人比较，若发现自己在才能、名誉、地位或境遇等方面不如别人，就产生不悦、自惭、怨恨、恼怒等情绪，个别学生甚至会做出伤害他人的行为。辅导员在平时与学生接触的过程中，要注意识别这类学生，密切关注，教导他们只有做好自己才能超越别人，要不断提升自己，完善自己，虚心向别人讨教，共同进步。极少数学生可能存在社交恐惧心理，害怕和人打交道，与人交往时会出现一种带有恐惧色彩的情感反应，表现为害羞、脸红、心跳加快等。社交恐惧分为两种类型，一种是气质型恐惧，如抑郁气质的人较为孤僻，害怕与人交往；另一种是挫折恐惧，即在以往的交往过程中受到过刺激，产生恐惧心理，形成了条件反射，一与人交往就会产生恐惧。还有人因为害怕别人发现自己的弱点，于是用不愿意与人交往的方式来进行自我保护。对于社交恐惧的学生，辅导员应建议他们接受心理辅导。

5. 当代大学生的恋爱心理特点

大学生年龄一般为十七八岁到二十二三岁，正处于建立亲密感、避免疏离感的心理发展阶段。随着性生理和性心理的发展，他们对情感的需求大大增强，恋爱成为大学生活的重要课题之一。但是，恋爱也是需要学习的。大学生的恋爱心理在一定的程度上既是成熟的，又是幼稚的。从心理咨询中心来访学生的问题类型来看，与恋爱问题相关的来访者占了很大比例。许多学生因为爱情问题而苦恼、迷惘，甚至影响学业，有的人在失恋后出现沮丧、抑郁甚至伤害他人等现象，严重影响学业和人格发展。因此，辅导员需要了解大学生的恋爱心理，积极开展恋爱观教育，帮助他们树立正确的恋爱观，学习与异性相处的技巧，这对他们的心理健康和今后拥有和谐的情感及婚姻生活有重要意义。

6. 当代大学生的择业心理特点

近年来，就业压力成为大学生的主要压力之一。当代大学生在择业时，主要的心理动机是如何最大限度地获得个人利益。他们选择职业的标准依次是收入、充分发挥个人能力及稳定的生活保障等，很多重点大学毕业生都愿意到国外去、到沿海去、到最赚钱的地方去，而这些地区的岗位竞争都非常激烈，因此，择业前不少大学生焦虑不安，紧张情绪比较明显。一方面，他们怕找不到工作；另一方面，找到工作的又怕错过了更好的工作，不敢轻易签约，处于纠结状态，有的学生甚至出现了比较严重的心理问题。这种焦虑不安的心理状态折射出部分大学生缺乏正确的择业认知，对自身兴趣和职业能力没有客观的评价，对职业规范、地位及社会期待没有做调查研究，对社会和职业选择的复杂性认识不足，不清楚自己到底想要什么、适合做什么、社会现实允许自己做什么。如果对自身与职业之间的匹配性进行评估和职业抉择时没有清晰的认识，就会出现“这山望着那山高”“前怕狼后怕虎”的迷茫状态。因此，大学生的职业生涯教育十分必要，辅导员从大一、大二开始就应该进行相关的教育和引导。

第二节　为大学生创造良好的外部心理环境

家庭、宿舍、班集体和教师是大学生的重要支持系统，辅导员可围绕这几个方面开展心理危机预防工作，帮助学生发展多重社会支持系统，较为全面、及时地了解学生心理动态和特点，进而有针对性地开展心理健康教育工作，及时筛查出需要重点关注的学生，把可能出现的心理危机化解在萌芽阶段。

一、家庭是深入了解学生的重要渠道

家庭在个体的成长中扮演着重要角色，不同地区、不同家庭以及不同的教养方式等都会影响学生的心理健康。学生的童年经历、父母的婚姻关系、亲子关系等都可能是导致学生心理危机的原因，而一些精神疾病，如抑郁症、精神分裂症等，可能还有家族遗传史。因此，辅导员需要对学生的家庭状况有所了解。了解学生家庭状况大致有三种渠道。学生入学前，查看学生档案，了解学生家庭的经济状况、父母职业、父母婚姻状况等。学生入学期间，可以组织学生家长座谈会或开展一次家长讲座，获取与家长的联系方式，如电话、信件或社交软件等。学生入学之后，建立与家长的密切联系，经常和家长沟通学生的情况，了解家长对学生的教养方式和学生的性格特点、能力专长、健康状况等，并及时向家长汇报学生在学校的情况。辅导员只有及时深入地了解学生，遇见问题时才能不处于被动状态。对于来自单亲家庭、贫困家庭、有家族遗传病史及家庭教养方式过于严厉的家庭的学生，辅导员要给予重点关注。

家庭在预防大学生心理危机中有重要作用，因此，做好家长的工作，争取家长在学生不同发展时期的配合教育具有重要意义。

二、宿舍是发现学生心理危机的重要阵地

宿舍是大学生的第二个家，他们有大部分时间要在这个狭小的空间内度过。良好的宿舍人际关系会给学生带来快乐和支持，而紧张的宿舍人际关系往往是导致学生心理危机的源泉。因此，辅导员在学生入校之初要多花一些精力帮助他们营造良好的宿舍氛围。同时，很多学生心理危机的苗头都会在宿舍中有所表现，宿舍是发现学生心理危机的重要阵地。我们需要在宿舍中安排一两位“耳目”，他们能够及时把同学的信息传达给老师，帮助辅导员拓宽视野。当然，这种“耳目”并非随时向老师打小报告的“特务”，而是真正关心同学并有一定助人能力的热心人。“雪绒花使者”（心理委员）就是一种很好的尝试，他们不一定是学生干部、党员，而是普通的、具有助人热情和亲和力的学生。如有可能，在学生入学之初，可以通过学生的档案信息来分宿

舍，要考虑到学生的地域、家庭经济状况、宗教信仰等因素。另外，睡眠习惯的差异也是导致宿舍矛盾的重要因素，可以考虑在学生进校后针对这一问题进行小范围的宿舍调整。学生入校后的两周，可以通过团体活动帮助他们尽快融入宿舍生活，建立良好的宿舍关系；帮助和鼓励学生制定宿舍规则等，帮助新生尽快建立良好的社会支持系统，使他们不害怕新生活、新环境带来的适应困难。大一第一学期，辅导员可以重点在每个宿舍筛选一名学生成为“雪绒花使者”，使其接受专业培训，掌握一定的心理健康知识和助人技巧，在宿舍中传播健康知识，在宿舍人际关系中发挥星星之火的作用，能及时发现同学的心理异常情况并向辅导员报告。

三、班集体是大学生的重要社会支持源

人生之路并非坦途，每个人都会遇到这样那样的麻烦、困扰。在逆境中，每个人都希望得到理解、支持和帮助。适当的社会支持系统对避免心理危机事件的发生具有重要作用。很多研究发现，社会支持不仅在应激条件下与个体的身心健康发生联系，对处于压力状态下的个体具有有益的缓冲作用，保护个体免遭压力的直接冲击，而且良好的社会支持系统可以帮助个体提高心理健康的水平，提高预防心理危机的能力。班集体是大学生重要的社会支持源。班集体的心理氛围是全班学生共同创造的，它以一种潜移默化的方式对班级的所有成员起作用，影响着班集体中每个学生的人生观、价值观，影响着他们具体的行为。例如，班级成员中普遍存在的集体认同感、荣誉感等，会促使他们把集体放在价值体系中的重要位置上。辅导员可以利用班级活动、党团干部队伍建设等渠道，建立开放、友善、合作、活泼、进取的班集体，形成良好的班风。辅导员应该组织学生开展形式多样的班集体活动，增强班级凝聚力，培养他们的团队精神、归属感和荣誉感；同时加强对学生的思想政治教育，提升他们的思想政治意识，这对于预防政治性危机事件具有积极意义。

另外，大学校园是大学生学习和生活的主要场所，校园文化对大学生的影响也是

潜移默化的。辅导员要积极配合学校不断加强校园文化建设，开展各类文体活动，丰富大学生课余文化生活，使他们在活动中发挥自己的专长，增强自信心，获得更多支持系统，提高他们适应环境的能力，培养他们奋发向上、积极进取的精神。辅导员还应该组织开展各种学术活动，培育浓厚的学术风气，使大学生自觉抵御不良思想和文化的侵袭；为大学生提供合理的情绪表达机会，如设立意见信箱、生活指导室等，使学生的不良情绪得以宣泄，以免破坏性行为的发生。

四、和谐的师生关系是预防大学生心理危机的屏障

师生关系是大学生重要的人际关系之一。进入大学后，大学生首先必须面对和处理的人际交往就是师生之间的交往。当代大学生在进入大学前基本处于父母的呵护之下，走进大学校园，标志着人生迈上一个新的台阶，也是他们长大成人的一个里程碑。他们需要从父母的呵护中走出来，独立处理自己所面对的一切问题。特别是大一的新生，由于远离家乡、父母、亲人和朋友，到一个新的环境中生活，因此会不同程度地产生恐慌、想家、迷茫的情绪，而辅导员、授课教师在这个时期起着非常关键的作用。作为教师，首先，我们要以自己渊博的知识、宽广的胸怀、敬业精神得到学生的认同。其次，我们要用和蔼的态度和亲切的关怀拉近和学生心灵之间的距离。师生之间，由陌生到认识再到彼此信任，是有很长的心理历程的，但我们也不难发现，那些和蔼、慈祥的老师总是非常受学生爱戴。无论什么时候，大家都愿意信任他；不管发生什么事情，大家总希望能听听他的意见。这样一来，师生关系就融入了一份长辈与晚辈的关系。最后，我们要学会用欣赏的眼光去发掘学生的个性。大学生来自祖国各地，不同的成长环境、不同的生活经历造就了每个学生不同的个性，我们要学会用欣赏和信任的眼光去看待每一个学生，多一点鼓励，多一点表扬，在师生关系中融入一份友谊。

第三节　大学生心理危机预防的主题预防教育

通过教育来降低大学生心理危机的发生率，是心理危机预防的一大举措。针对危机预防的教育包括大学生心理健康教育、思想政治教育、危机认识与应对等。而这些教育工作又都可以融汇到校园文化建设中，为大学生营建一个良好的外部环境，形成积极健康的心理氛围，发挥全员育人、环境育人的作用。大学生心理健康教育不仅是心理咨询中心的工作，辅导员在工作中也应融汇心理健康教育的内容，借鉴心理健康教育的方法开展思想工作，从而更加贴近学生需要，更好地被学生接纳。例如，用团体活动的方式组织班集体活动，学生更喜欢参与，也更容易产生潜移默化的效果。下面，我们从容易导致大学生心理危机的一些事件着手，探讨如何开展预防性的教育工作。

一、针对学习问题的心理健康教育

大学生常见的学习问题主要表现为学习焦虑过度、学习动力缺乏、学习动机过强、学习成绩不理想、注意力涣散、记忆减退及考试焦虑等问题。学习是大学生的主要任务，大学的学习方法和学习内容与高中阶段迥然不同，很多学生会产生较大的心理落差。特别是大一第一学期考试前后，考试焦虑、自卑、自责等心态比较普遍。有些家长对自己或自我成绩要求很高的大学生，在这一阶段容易产生心理危机。

针对大学生学习产生的心理问题，辅导员可以提前开展一些教育工作，帮助他们适应大学的学习，培养他们的学习兴趣，提高他们应对考试压力的能力。例如，大一新生入学教育阶段，可以开展新生老生座谈会，师生见面会等活动，介绍大学的学习方法、本专业的特点和发展前景等，帮助他们尽快掌握学习方法，培养专业兴趣。在第一学期考试前，举办针对考试焦虑的讲座或团体活动，让学生掌握调节自己情绪的方法，减轻考试压力。同时，还要特别关注那些具有完美主义倾向的学生。他们往往要求自己各方面都要表现得很优秀，一旦学习上出现失误，或者没有达到自己的要求，考试成绩从原来的前几名突然下降很多，就容易出现心理危机。因此，辅导员平时要多和学生接触，了解学生个性，多与家长联络，了解学生的家庭成长环境和学生的人格特点，也可以利用完美主义问卷、16PF（人格）问卷等，为学生建立心理档案，全面掌握学生的个性特点，在敏感时间和敏感事件发生后，多与这些好强的学生谈心，帮助他们调整心态，正确地认识自己。

对大学生学习心理的教育还可以结合职业生涯规划教育。辅导员要帮助学生完善自我意识，正确认识自我，悦纳自我，发现自身潜能，制订合理的奋斗目标，从而使学生正确规划自己的人生目标、大学阶段的学习目标以及近期的小目标，最终能使学生正确对待学业中存在的问题，预防心理健康问题的发生。

二、针对人际关系问题的心理健康教育

一方面，健康的人际关系可以为大学生提供丰富的社会支持资源，特别是在危机状态下，社会支持系统可以帮助他们有效地应对危机，获得成长。另一方面，糟糕的人际关系或缺乏积极的人际关系往往会导致大学生出现心理危机。大学生主要的人际关系包括与父母的关系、师生关系、同伴关系、亲密关系等，对这几种关系的处理直接影响他们的心理健康。如何与人保持良好的人际关系，是大学生需要学习的重要课题。

每个学生的成长环境不同，性格不同，人际交往的能力也不同。辅导员从大学生入学之初，即可向他们传达这样的观念：人际交往能力是重要的，同时也是可以学习的。辅导员要帮助那些性格内向、缺乏自信的学生树立信心，让其相信通过四年的努力，是可以提高自己的人际交往能力的。辅导员应创建和谐的校园人际氛围，开展学生喜爱的各种团体活动，为不同学生提供展现其才华的机会，发掘他们的潜能，最终帮助学生树立自信，拓宽视野，扩大人际交往的范围，提高人际交往的能力。

很多学生期望通过学习各种人际交往的技巧获得更高的人际交往能力。这一方

面说明现代的大学生都能认识到人际交往的重要性，有提高自己交往能力的意识。但是，另一方面，这反映出学生有一定的功利心，他们提高人际交往的能力仅仅是为了更好地适应社会需要。其实，人与人之间的真诚与信任才是良好人际关系的基础。

宿舍人际关系对大学生来说尤为重要。来自天南地北的几个人，要在一个屋檐下相处三四年，融洽的关系会使他们亲如兄弟姐妹，如果在宿舍中受到排挤或被忽视，则会让他们痛苦不堪。所以，大学生入学后，辅导员要在宿舍建设上花些工夫，从宿舍安排到宿舍人际关系建设，都要精心设计，引导学生发挥主观能动性，让宿舍成为大学生建立良好人际关系的重要支持系统。另外，还要注意对学生干部和优秀学生的教育，尤其要关注他们和同学的关系。辅导员要时刻教育他们用心与大家沟通和交流，真诚地为同学服务，而不要仅仅为了加学分才做班集体的工作。辅导员还要多鼓励学生积极参与自己感兴趣的社团活动，培养广泛的兴趣爱好，参与各种社会实践活动等，这些都可以提高大学生的人际交往能力。

三、针对恋爱、性问题的心理健康教育

大学生的身心发展特点决定了他们需要与异性交往，逐渐发展亲密关系。恋爱是大学生重要的人生课题，同时，他们又没有恋爱经验，所以伴随着恋爱而来的一些问题常常困扰着他们。这些问题对他们的学习、生活和心理健康造成极大影响，严重的甚至可能导致心理危机事件的发生。辅导员有必要对大学生的恋爱和性心理进行相应的引导和教育，使他们对爱情的本质有较深入的理解，明确真正的爱情不仅仅是花前月下，而是互相的激励和进步，是相知相伴、同舟共济，帮助他们树立正确的爱情观。

更重要的是，辅导员首先要让学生了解恋爱是需要学习的，没有人天生就会。特别是那些在不健全的家庭中成长起来的学生，更需要学习和自我成长，树立自己有能力去建立亲密关系的信心，增强爱与被爱的能力，相信自己最终可以收获幸福

美满的婚姻。其次，学生还需了解，“王子和公主从此幸福地生活在一起”只是童话，任何恋爱和婚姻都不是只有幸福美好，没有烦恼和冲突的。然而，有矛盾冲突并不要紧，关键是要学习如何处理和应对各种问题与困扰。关于性心理的教育，辅导员要使大学生了解和掌握性心理的发展规律，正确看待自己的性冲动和性渴望，知道这是正常的生理现象，同时，又要理智地处理自己的性冲动，知道保护自己和他人的健康等。

恋爱与性心理教育可以采取多种形式来进行，如邀请知名情感专家开展“女性心理”讲座、“恋爱是需要学习的”讲座、“如何面对分手”茶话会，开设“亲密关系”工作坊、“爱情对对碰”主题班会等。

四、针对有心理问题的学生的心理健康教育

有心理问题的学生是心理危机的高发群体。一般来说，多数大学生的心理问题都是发展性的，与他们的学业、人际关系、社会适应能力和生涯发展有关。这些问题随着大学生的成长可能会自行消失，或者通过良师益友的指点、向专业老师咨询而解决。少数大学生的心理问题是障碍性的，如抑郁症、焦虑症、强迫症、同性恋倾向等。还有一些人格障碍，则需要专业的心理治疗。但是，由于心理健康知识的普及程度不够，很多大学生会认为得了抑郁症或有同性恋倾向是非常羞耻的事情，宁愿内心痛苦万分，也不愿意把自己的秘密告诉周围的同学、老师或朋友，或者寻求专业帮助，还要强颜欢笑。等到他们实在承受不了巨大的痛苦的时候，往往是危机发生的时候。

因此，应该对大学生普及心理健康知识，让他们了解心理疾病和身体疾病一样，是非常正常的现象。每个人在不同阶段都可能患心理疾病，心理疾病并不可怕，如同感冒、发烧一样是可以治愈的，而求助是强者的行为。普及心理健康知识的另一个目标是在校园内形成关注自我心理健康，关注他人心理健康的良好氛围，使学生不仅能初步掌握一些自我心理调节的技能，同时还能觉察到周围同学的心理变化，及时关注

需要帮助的同学，不歧视有心理疾病的同学，接纳和包容他们，帮助他们走出心理阴霾。要想大学生平等地对待有心理问题的同学，辅导员自身首先要做到关心、爱护每一个学生，不歧视、不贬低他们，真正从学生的角度出发，帮助学生战胜疾病。

心理健康知识的普及可以通过发放宣传资料、组织观看心理影片、举行健康知识讲座等形式来开展。我们还要对大学生进行危机认知教育，使其了解什么是心理危机，心理危机的成因和表现，大学生常见的心理危机等基本常识，明确心理危机的产生并不都是病态的表现，正常人在外来强烈和持久的刺激下，也会陷入心理危机。

大学生在应对危机时应该学会自助，学会求助，学会助人。学会自助是指，要自觉提高自身的心理素质，抵御心理危机的侵扰。学会求助是指，在发现自己出现危机征兆时，及时向外界或专业的心理帮助机构求助，以尽快解决问题。因此，学校可以在学生随时都能接触到的地方通告其可以求助的机构的联系方式，如在食堂、教室、图书馆甚至卫生间张贴心理咨询室、危机干预中心、妇女帮助热线、青年热线等机构的电话。学会助人，指的是对周围陷入心理危机的同学能及时给予支持和帮助，或者在必要时求助专业机构。目前，北京师范大学的“雪绒花使者”和许多高校的“心理委员”就起到了这样的作用。

五、针对职业生涯、就业问题的心理健康教育

我国高校毕业分配制度的改革和扩招政策的实施，一方面使得更多的学生有机会接受高等教育，另一方面这些学生的就业压力也在不断增大。不知道如何选择自己的职业，如何规划自己的生涯，求职需要些什么样的技巧，以及对自己的能力、兴趣、发展方向不确定，找工作时“碰壁”等，都或多或少给大学生带来困扰和忧虑，影响着大学生的心理健康。

大学生职业生涯辅导的目的就是帮助大学生了解自己，了解生涯规划，掌握职业与教育环境资源，逐渐发展个人的生涯认同，建立生涯目标，并在面对生涯选择时，针对各种机会和资源进行评估，最终做出正确的决定。现实的情况是很多学生缺乏生

涯规划的意识，面临毕业了才开始着急。所以从学生走进大学校门开始，辅导员就要有意识地培养学生的职业生涯规划意识，除了就业指导中心开设的职业生涯规划课以外，院系班主任、辅导员以及专业课教师，都可以在日常的工作中融入生涯规划的内容，让学生有认识自己、认识未来职业、规划未来人生的意识。还可以充分利用学校资源，邀请毕业生回院系做讲座，提供社会实践机会，或者组织观摩实习，参加模拟招聘活动，等等，让学生在学习和实践中充分了解自己、认识自己，能有一个正确的心态去面对生涯和就业问题，消除紧张、焦虑等不必要的压力。

六、针对自我意识的心理健康教育

面对同样的压力事件，不同的学生会有不同反应。例如，同样是失恋，有的学生会认为这是因为两个人不合适，并且能够从这次经历中吸取经验，获得成长；有的学生则很难从痛苦中走出来，认为没有人会喜欢自己，自己糟糕至极，甚至走上自杀的道路。其中的重要原因之一就是每个人对自己的认识不同。自我意识是个体意识发展的高级阶段，是对自己及自己与周围关系的认识，包括自我认知、自我体验、自我控制三个方面。大学生正处于青年期，生理、认识、情感各方面都发生了深刻的变化，他们开始关注自我，开始发现、体验自己的内心世界。与此同时，大学生的自我意识也经历着不断的分化与整合，并在分化与整合的过程中逐步完善。针对自我意识的教育就是要帮助大学生客观地认识自己，悦纳自我，使自我认识、自我体验和自我控制相协调，在正确认识自己的基础上建立合理的理想自我。理想自我与现实自我相统一，就能在一定程度上减少心理应激。

关于自我意识的心理健康教育形式可以多种多样，体验式的讲座、工作坊、团体活动、心理小测验等都是受学生欢迎的形式。

第三章 潜在危机评估策略

大学生的学习、生活中存在诸多心理危机诱发因素，但并不是所有诱发因素都必然导致心理危机的出现，而所有需要深入干预的心理危机都有其产生、演变和发展成形的过程。在此，我们将那些出现于各种诱因之后、需要深入干预之前的危机演变过程称为“潜在危机”阶段。

与已发生、已出现的危机相比，潜在危机是学生个体尚未展露出来的，但在一定条件下可能进一步演变成为爆发式危机的内在倾向性。相对于“危机后干预”而言，对大学生心理危机更为有效的应对方式是“预防式干预”。

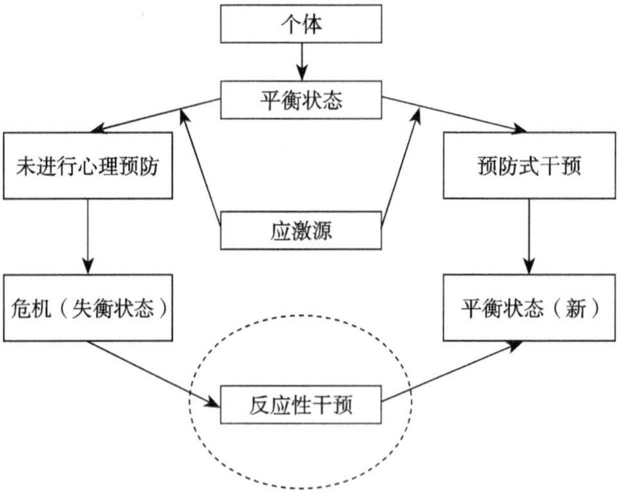

图3-1　大学生心理危机干预体系

从图3-1我们可以看到，个体心理危机在其形成和爆发的过程中，存在两个进行干预的阶段。在心理危机产生之初进行预防式干预，难度较小，效果较好；而危机爆发后的反应性干预，难度较大，效果较慢。

要做到预防式干预，辅导员对于大学生的潜在危机应该有更为深入的认识，对容易处于潜在危机状况的学生群体要有所了解，对不同类型危机的潜在表现要有所了解，对如何帮助处于潜在危机状态的大学生的方法要有所掌握。一般来说，潜在危机存在如下特征。

第一，隐蔽性。虽然可以发现诱因的存在，但危机经历者的很多严重问题并没有爆发，危机依然在发展过程中，不易被人察觉。

第二，可转化性。在一定的条件下，潜在危机可能转变为真正的具有破坏性的爆发性危机。例如，在学习方面存在困难的学生，可能引发自我价值方面的内在危机，如果处理不当或被忽视，就会演变为离校出走甚至自伤等严重危机。

第三，可控性。并非所有潜在危机都必然演变为爆发性危机，随着危机经历者自身调节能力的作用，或者外界及时的干预和支持，这些问题很有可能消除。

根据潜在危机的上述特性，在对心理危机进行干预的过程中，对存在潜在危机的学生进行评估成为防患于未然的关键步骤。由辅导员对可能存在潜在危机的学生进行深入评估的一个重要原因在于，在学生管理者中，辅导员是和学生接触最为密切、最为直接，也是学生在面临问题时第一个会想到的求助对象，所以辅导员对学生潜在危机的评估最为及时，其获得相关信息的途径和深入程度都是其他人难以比拟的。

辅导员及时发现问题、挖掘信息，并对这些信息进行整合，可以对危机类型有初步判断，对危机的严重程度有初步了解，这样就会为后期的专业干预提供及时、全面的支持和帮助赢得时间和资源，这也是潜在危机评估的意义所在。

第一节　潜在危机评估的方法和技巧

一、明确需要重点关注的学生

辅导员对潜在危机学生的评估应该及时，信息渠道应该足够丰富，并应具备相应的技巧，以保证评估信息的准确。因此，对于可能在一定情况下（如各种外部诱发性因素，包括考试失败、失恋、人际冲突等）爆发心理危机的学生群体，辅导员要有所掌握。

在成长过程、家庭环境、个性特征等方面，容易出现心理危机的大学生存在一些共同特征。具备这些特征的学生应该引起辅导员的注意，在日常工作中应该给予这些学生充分的关注。

第一，成长过程中存在问题的学生。这些问题包括童年期长时间被寄养，与父母分离时间较长；父母教育方式不当（过度严格或溺爱等）；成长于离异家庭；过度受关注的家庭环境；频繁转校、转学等。

第二，面临各种严重现实困难的学生。这些问题包括刚刚入学面临适应问题；学业困难；毕业求职困难；家庭经济条件非常差；患有严重的慢性疾病问题；因病休学或复学；异地恋等。

第三，经历创伤性事件的学生。这些事件包括失恋；被性侵犯；被严重伤害；遇到严重挫折（考试失败等）；亲人丧失；多次参加高考；违反校纪、校规被处罚等。

第四，被心理和精神问题困扰的学生。这些问题包括有自杀史或家族中有自杀者；患有严重心理疾病，如抑郁症、恐怖症、强迫症、精神分裂症；家族中有严重心理障碍和精神疾病成员等。

第五，存在异常行为表现的学生。这些异常包括明显的人际关系异常（孤僻，频繁的人际冲突等）；网络成瘾或游戏成瘾；明显的情绪问题（情绪不稳定，异常低落或高涨等）；生理活动异常（饮食、睡眠等）；通过一些途径（日常交流、网络空间）发布过异常信息（内容过于偏激、怪诞）；行为表现与大学生的角色存在明显差距（不关注学业，心思在其他与大学生活无关的领域；经常夜不归宿等）；过于完美，一贯积极，对自己的期待过高、要求过严（太多特长，太多社团活动）；行为模式的突然变化等。

第六，其他渠道所反映的可能存在问题的学生。这些渠道包括任课教师的观察和反映；心理咨询中心的新生测评反馈；宿舍管理员、保卫部门的反映等。

在判断学生的潜在危机时，上述信息是可以叠加的，一个学生可以存在多种危险特征。对于复合型危机特征的叠加要保持充分的警惕，这种叠加意味着危机爆发可能性的激增。

辅导员在评估潜在危机时，要多渠道、全方位收集潜在危机信息。对于可能出现的潜在危机，辅导员应该给予足够的重视。一旦观察到遭遇危机诱发事件的学生，或获得可能出现危机的学生信息时，应该立刻借助多层次、多渠道、多视角的信息来源进行判断。当然，在平常的学生工作中，辅导员应该有意识地建立、健全这个评估体系。一般来说，这个评估体系的构成包括下列六部分。

第一，危机学生本人。在直接观察到有学生可能存在潜在危机，或接到相关汇报时，辅导员应该考虑直接与该学生接触，通过面对面的沟通确定其状态。

第二，学生党团成员和班干部。通过他们，辅导员可以了解潜在危机学生的日常表现和近期的特殊表现，如上课时的状态、课余活动表现等，并且能够在后续阶段对危机学生进行持续观察和帮助。在这个群体中，受过培训的心理委员（各高校的称呼可能不同）是尤其值得借助的力量。一般来说，他们经过较为系统的培训，对于一些问题和现象的观察更为系统和深入，所以在必要时甚至可以通过他们来做一些工作。

第三，危机学生的室友。室友作为特殊的群体，在潜在危机的评估中有着与众不同的作用，因为他们与潜在危机学生朝夕相处，对于其状态和异常变化非常敏感，很多时候我们对潜在危机学生的发现往往得益于他们的观察。在对潜在危机进行评估时，第一时间与其室友进行联系是极为重要的环节，而且对危机学生的后续帮助也离不开他们的支持。

第四，危机学生的朋友。存在潜在危机的学生在面临困难和压力的时候，在校园背景下，最有可能、最为有效的一个求助资源就是朋友。因此，在针对潜在危机进行评估的时候，当事学生的朋友是不可或缺的信息来源。在日常工作中，辅导员应该有意识地收集学生的朋友信息，在出现问题时必须及时找到其朋友了解情况，并在必要时请求这一群体的后期协助。

第五，危机学生的家属。在潜在危机评估阶段与家属（家长）进行联系是一个较为敏感的问题。一方面，辅导员在信息不全的情况下需要与家长沟通，因为他们很可能了解当事学生的近况和问题；另一方面，在情况不明的时候，如何向家属说明情况，如何在描述了潜在危机的同时不至于夸大问题引起家属过激反应，是非常需要经验和技巧的。

第六，环境因素。这指的是当事学生所处环境中各项与其有关的事物，如可能存在的遗书、日记、信件等；网络空间中的博客、日志；微信、短信等通信工具的记录等。这些细节往往能反映出当事学生的心理动态、行为目标和行动指向等。及时发现这些信息，对于防止危机恶化有着不可或缺的作用。

某院系的辅导员王老师在机房发现了一个学生的电子日志，其中有一些自我评价过低、对自己的人生失去希望的内容。经初步判断，这是学生小赵的日志。他及时给其宿舍同学打电话，了解小赵的近期表现。室友反映他最近老是唉声叹气，闷闷不乐。王老师在叮嘱室友仔细关注小赵的同时，将班上的几个干部叫来，调查后发现小赵最近经常缺课，上课时常常发呆。此时，王老师意识到问题可能较为严重，就布置学生严密观察小赵，发现异常及时汇报。两天后的早上，小赵的室友打来电话，汇报说小赵无故离校了，拦也拦不住。王老师立即赶到其宿舍，在对其物品进行检查时发现了小赵的遗书。王老师将情况及时上报院系，经过对其室友的询问，王老师获悉小赵在头天晚上和本市另一学校的好友李某有长时间的通话。与李某取得联系后，王老师得知在通话中小赵反复提到本市郊区一处风景秀丽的地方，于是紧急与该地派出所取得联系。当地干警加强了监控，随后果然发现了意图自杀的小赵，并将其带回学校，最终避免了一起严重危机事件的发生。

在这个案例中，王老师一系列及时、全面的信息搜集过程为避免潜在危机成为现实做出了重要贡献。

二、评估技巧和注意事项

收集信息评估潜在危机时，辅导员需要具备足够的技巧。

1. 尊　重

尊重是指对沟通对象的尊重。尊重是辅导员在与学生沟通时应该做到的最基本的事情。尊重沟通对象（尤其是存在潜在危机的当事学生）的现状以及他们的价值观、人格和权益，接纳、关注、爱护他们，是建立良好沟通的重要条件，是有效获得信息的基础。尊重的意义在于可以给沟通过程创造一个安全、温暖的氛围。这样的氛围使得当事学生或其他沟通对象更加信任辅导员，从而最大限度地表达自己的想法和所知道的信息。

2. 共　情

共情是指辅导员走出自己的参照框架，进入当事学生的参照框架，把自己放在对方的地位和处境上尝试感受其喜怒哀乐。在与潜在危机学生的沟通过程中，充分的共情能够使得学生感受到被理解，这将帮助辅导员赢得学生的信任，降低其心理防御水平，使得辅导员有机会了解到学生更多、更深的内在感受，以便于发现潜在危机及相关信息。

3. 倾　听

倾听是沟通的第一步，是建立良好关系的基本要求。倾听既能表达对来访者的尊重，也是为了充分地了解情况。倾听，不仅要用耳朵，更要用心，同时还要有行为的参与，要适时做出反应。

在对潜在危机进行评估时，辅导员还有些需要注意和避免的问题。

第一，简单化倾向，即将潜在危机简单归类，过早做出判断。这会导致不能充分收集各方面的信息，阻碍后期的判断和干预。

第二，道德判断倾向，即对当事学生的问题赋予道德色彩。例如，将抑郁学生因为抑郁不能上课、活动减少、人际退缩等表现，归结于学生懒惰、不听话、思想有问题等。

这些倾向在潜在危机的评估过程中都应该避免，因为它们会极大地阻碍辅导员与当事学生以及相关人员的沟通，从而影响后期的判断与干预。

第二节　潜在危机评估

为了清楚地判断当事学生的状态，明确问题，并为后期的工作指明方向，辅导员需要通过直接方式（与当事学生的沟通）与间接方式（通过他人或其他渠道）从下列几个方面进行信息收集，从而做出评估。

一、行为表现观察

这里所说的“行为表现”是当事学生与潜在心理危机相关的各种举止、反应，是潜在危机评估中最为直观和有效的指标。对行为的评估包括以下几点。

① 当事学生能否保持正常的学习、生活状态。

② 当事学生的行为是否与其身份相符。

③ 当事学生的活动是否有明显的减少或增多。

④ 当事学生是否保持与周围人群的正常沟通。

⑤ 当事学生是否表现出自杀意向、行为或制订自杀计划。

⑥ 当事学生是否有威胁周围人群和环境的意向和行为。

⑦ 当事学生是否表现出他人难以理解的言行举止。

⑧ 上述问题行为出现的时间及持续时间。

二、情绪状态观察

情绪是对一系列主观认知经验的通称，是多种感觉、思想和行为综合产生的心理和生理状态。情绪是指人有喜、怒、哀、乐、惧等心理体验，这种体验反映出人对客观事物的态度。在情绪支配下，个体会产生各种体验和行为，情绪本身也会对影响到人的认知。因此，在潜在危机评估中，对情绪的评估也是一项重要内容。对情绪的评估包括以下几点。

① 当事学生的总体情绪如何。

② 当事学生的情绪反应是否和环境匹配。

③ 当事学生是否存在消极情绪（忧伤、愤怒、焦虑等）。

④ 当事学生的情绪是否稳定，是否存在波动，波动程度如何。

⑤ 当事学生的情绪是否受本人控制，是否有失控的倾向。

⑥ 当事学生是否存在情感阶梯或是否感情混乱。

⑦ 上述情绪问题出现的时间及持续时间。

三、认知状态观察

认知是指人认识外界事物的过程，即对作用于人的感觉器官的外界事物进行信息加工的过程。潜在危机评估过程中的认知，指的是当事学生的总体思维能力（分析能力、记忆力、注意力等）和当事学生对个人以及问题的看法。对认知的评估包括以下几点。

① 当事学生对所面临的问题的解释如何，是否符合实际。

② 当事学生是否能够有效地解决所面临的问题。

③ 当事学生的注意力水平如何，是否能够保持必要的注意力。

④ 当事学生的记忆力水平如何，是否存在长期记忆或短期记忆的损害。

⑤ 当事学生的逻辑思维能力如何，是否存在思维混乱的现象。

⑥ 当事学生的认知范围是否发生变化，是否过于狭窄。

⑦ 当事学生的自我认知如何，是否存在自我怀疑、自我否定等现象。

⑧ 当事学生是否存在强迫性思维等异常思维表现。

⑨ 上述认知问题出现的时间及持续时间。

四、生理状态观察

这里所说的“生理状态”，是指当事学生存在的一些和心理危机相关联的、可以观察到的生理层面的表现。对生理状态的评估包括以下几点。

① 当事学生的睡眠状况如何，是否有入睡困难、睡眠质量不高、早醒（与抑郁症相关的）等状态。

② 当事学生的饮食状况如何，是否存在胃口不好、厌食、拒食、过度饮食、暴饮暴食等现象。

③ 当事学生是否存在物质依赖表现，如吸烟、酗酒、借助其他物质来消磨意志等。

④ 当事学生是否有身体不适等感受，如是否抱怨自己身体不舒服，或其他症状等。

⑤ 当事学生的生活节奏是否有明显改变。

⑥ 上述生理问题出现的时间及持续时间。

五、对应对资源的评估

在收集潜在危机学生行为、情绪、认知和生理表现等方面信息的同时，辅导员也有必要收集学生的危机应对资源信息，以便对其可应对心理危机的总体资源状况进行评估。这部分信息包括以下方面。

① 当事学生有哪些朋友，他们与当事学生的联系是否密切，在需要时当事学生能否及时获得他们的帮助。

② 当事学生与父母的关系如何，父母能否为当事学生提供及时的帮助。

③ 当事学生与室友的关系如何，他们是如何看待当事学生的问题的，他们是否能够并愿意参与到提供帮助的体系中来，他们助人的技巧如何。

④ 还有哪些人员和机构能够向当事学生提供帮助，如学校心理咨询中心、就业指导中心、学工处、院系及可能的其他机构。

⑤ 要帮助当事学生解决或克服具体困难，还需要哪些资源和帮助，还存在哪些障碍。

除此之外，对于在评估过程中发现的一切与当事学生的问题相关的各种资源和可能障碍都应该被仔细地记录下来，以便分析。

第三节　对评估内容的判断和整合

在多渠道、全方位、深入细致地收集潜在危机信息之后，辅导员要进行的下一项重要工作，就是对这些信息进行整合与判断，并做出初步的结论：这是一个需要专业介入和高度动员的心理危机事件，还是一个通过细致周到的支持和帮助就可能消除的心理问题？

一、潜在心理危机的判断原则

辅导员在收集完学生的信息之后，需要遵循一些基本原则，对学生是否处于危机状态做出判断。

所有的心理危机或潜在危机都会体现为个体认知、情绪、行为和生理反应方面的部分或总体异常，但在很多情况下，这些“异常”却是一种“正常”反应。例如，某个学生在失恋之后，出现情绪低落、胃口不好、不愿意参加活动、上课时注意力不集中、学习效率下降、失眠等表现，这些表现如果是紧接着失恋问题出现的，且表现出的反应强度和问题相匹配，而且随着时间的推移和周围支持系统的帮助，反应的强度在降低，反应的类型在减少，那么辅导员可以初步判断，这是一种“正常”的反应；如果上述现象，随着时间的推移不仅没有逐步降低、减少的趋势，反而持续不断，甚至日渐严重，那么辅导员可以初步判断，这个学生很可能正在经历较为严重的心理危机，此时需要进一步的专业介入。

在评估一些反应或心理问题是否“正常”时，第一个要考虑的因素就是问题出现的时间。一般来说，因刺激事件导致的心理反应在时间上与事件紧密相连，具有可观察的时间延续性。第二个要考虑的因素就是反应强度。个体在认知、情绪、行为和生理方面的异常有不同的表现形式，但给人的总体感觉应该与个人特征及事件特征相匹配，过于强烈和过于平淡的反应都应该引起注意。第三个要考虑的因素就是反应的延续性。一般来说，“正常”的反应应该随着时间的延续而逐步消减，虽可能有反复，但总体上应该呈现逐步下降的趋势。

二、心理危机的判断标准

对于潜在心理危机的学生处于哪一种心理问题状态，可以根据表3-1进行初步分析与判断，快速地得出结论，以利于后续工作的开展。

表3-1　心理问题表现分类

问题表现	一般心理问题	严重心理问题	精神病性障碍
心理症状	++	++	++++
躯体症状	+	++	–
功能损害	+/–	++	++++
社会支持	–	+/–	++++
自我觉察	–	–	++++
现实检验	–	–	++++
归因分析	因果、个性无关	诱因或因果、个性相关	诱因+/–
持续时间	短	两三个月以上	

在表3-1中，心理症状指的是当事学生的情绪情感、认知和行为表现。躯体症状指的是当事学生出现的生理症状，如头痛、头晕、胸闷气短等。功能损害指的是当事学生的学习、人际交往、日常生活维持等基本功能和行为。社会支持则包括当事学生的伙伴资源、家庭、同学关系等。自我觉察指的是当事学生对自己的身心状态的认识水平，即是否能够正确评价自己当时的身心状况，是否能够意识到自己存在异常。现实检验是一种基本的自我功能，指测验并客观评价环境之性质和特征的能力。正常个体可借以区别外在客观世界与内心主观世界，以便精确地判断自我与环境之间的关系。归因分析指的则是上述问题和异常表现是否存在明确的现实原因，或者诱发因素，这些异常是否和当事学生在危机产生前的个性特点相关联。持续时间指的是各项异常表现从出现到当前存在的时间。

根据上述标准，我们可以对三类心理异常进行初步的概括。

1. 一般心理问题

这类心理异常是由于现实生活、工作、处事失误等因素（归因）而产生内心冲突，并使人们因此体验到不良情绪（心理症状，如焦虑、担心、愤怒、悲伤、厌烦、懊恼、自责等）。这些情绪反应的类型、强度与事件之间是匹配的，如受挫后的沮丧、失恋后的伤心、被伤害后的愤怒等。这些情绪异常基本与当事学生之前的个性特征无关，也就是说，不论个性特征如何，经历这些事件后，绝大多数个体都会产生类似反应。这些不良情绪会对生理状态产生影响，但影响一般不大（躯体症状）。不良情绪反应总体受相当程度的理智控制，使人始终能保持行为不失常态，能基本维持正常的生活、学习、社会交往，但效率会有所下降（功能损害）。

自始至终，不良情绪的激发因素仅仅局限于最初事件，即便是与最初事件有联系的其他事件，也不会引起此类不良情绪，如失恋的学生不会因为和异性分手就反感、怀恨所有异性。这些异常表现一般不超过两周，即使超过两周，辅导员也应该能够感受到问题学生正处于逐步好转的趋势（持续时间）。经历者能较好地觉察自己的身心状况，理解并接受自己处于暂时的异常状态（自我觉察），不会出现对现实环境的扭曲，如幻觉、妄想等（现实检验），从而能够较好地利用可以帮助自己的资源，如朋友、家人、同学和老师等（社会支持）。

一般心理问题在辅导员的充分关注和良好的社会支持下，基本能够由经历者自行处理，完成恢复过程，不需过度介入和专业介入。

2. 严重心理问题

如果事件是和异常反应有因果关系的，应该就比较重大，如严重的伤害（暴力事件、被极度不公平地对待、亲人死亡等）。但是，一般的事件如果也引起了严重的心理问题，如同学间的人际冲突、普通考试失败、表白不成功等，这说明经历者可能存在人格方面的不足。例如，一个爱情至上论者在失恋后的反应会比一般人痛苦得多，反应也严重得多。经历者在事件后会体验到不同的痛苦情绪，如极度委屈、失落、恐惧、愤怒、悲哀、绝望等。这些情绪反应类型与事件之间是匹配的，但强度极大。多数情况下，经历者的生理状况会受到明显影响，如出现严重的头痛、胸闷或者其他身心反应。经历者的社会功能将出现较多的失调现象，如无法上课、不愿出门、不理人、饮食和睡眠受到严重干扰等。经历者的自我觉察和现实检验能力总体上不会出现异常，但在事件出现的急性期，经历者可能出现短期的自制力下降、行为失控等。严重心理问题的持续时间一般在两周以上或者更长，有些长达数月甚至数年，难以单纯地依靠“自然发展”或“非专业性的干预”解决。

严重的心理问题是一种较为典型的潜在危机状态，需要辅导员充分地介入，保持关注，提供支持。在多数情况下，这类问题需要诸如心理咨询等专业资源的介入和帮助。

3. 精神病性障碍

这类异常基本属于精神疾病的范畴。在原因层面上，事件基本是诱发因素，或者无诱因就能出现异常表现。部分精神病性障碍者在出现异常前存在人格缺陷，可能有一些个性或者行为上的异常表现，但不明显。精神病性障碍者的心理异常表现往往症状复杂、程度严重，并且大多和现实因素没有关联。经历者的自我觉察和现实检验能力多数有损害，他们不能正确理解、判断自己的身心状况，拒绝承认自己的异常状态，可能会伴有幻觉、妄想等现实检验能力异常的表现。因为缺乏自我觉察能力，他们多数不会寻求社会支持资源的帮助。异常表现存在的时间在没有外来资源介入的情况下，会长期存在并持续恶化。

这类心理异常基本可以归入危机状态，辅导员需要介入，并配合家属、专业资源（校心理咨询中心和医疗结构）做好支持性、辅助性的工作。

上述原则是对评估信息进行初步判断的总体规律，但每种心理危机类型都会有不同的特点，熟悉和把握这些特点对于迅速、准确地判断潜在危机类型，并做出正确反应是非常有价值的。

三、心理危机的初步判定

下面，我们对大学生常见心理危机的表现进行了归纳，以帮助辅导员迅速、准确地判断学生可能存在的心理危机。

1. 心因性反应的初步判定

心因反应指的是在外界刺激性事件的诱发下，个体出现的各种生理、心理反应。一般可以分为两种：急性心因反应和创伤后应激障碍。

（1）急性心因反应

急性心因反应是由来势迅猛的精神冲击导致发病的心理现象。它常在遭受刺激数分钟或数小时后出现，历时短暂，在支持性资源的帮助下，多在几天或一周内恢复。急性心因反应的具体表现如下：

① 最初表现出“茫然”状态，出现不同程度的意识障碍，不能清晰感知周围事物和环境，注意力狭窄，反应较为迟钝，甚至难以进行言语交流。

② 表达能力异常，可能不言不语，或言语凌乱、不连贯，令人难以理解。

③ 表情紧张、恐惧或愤怒，动作杂乱而无目的性，偶尔有冲动行为，如伤人毁物或盲目走动。

④ 记忆力可能短暂受损，不一定能在恢复后全部回忆起自己的行为、感受等。

⑤ 兴奋、躁动不安，言语增多，内容往往与诱发因素相关，可能有夸大色彩，睡眠减少。

⑥ 少数情况下可能出现缄默不语，表情呆滞，长时间呆坐或卧床，缺乏鲜明的情绪体验和积极的感情交流。

⑦ 伴有自主神经功能紊乱，如心悸心慌、出冷汗、皮肤潮红等。

（2）创伤后应激障碍

创伤后应激障碍是一种延迟出现的心因反应，常出现在创伤事件发生后的一个月到半年时间之内，少数可以出现在数年之后。与急性心因反应相比，创伤后应激障碍是一种较为严重的心理危机，往往需要专业介入。创伤后应激障碍的常见表现如下：

① 出现反复发生的闯入性的创伤体验，如在意识中重现或在梦境中面临与刺激事件相似或相关的境遇，从而感到痛苦，但又不由自主地反复回想。

② 持续的警觉性增高，一些很常见的、普通的问题也会引起过度的反应。

③ 持续的回避行为。

④ 对创伤性经历的选择性遗忘。

⑤ 对未来失去信心。

2. 抑郁症的初步判定

抑郁症是一种可能导致严重后果的心理疾病，其在大学生群体中的发病率逐年增加，因此了解一些抑郁症的判断标准是非常必要的。

一般来说，抑郁症发作的核心表现有三条。

第一，抑郁心境存在于一天的大多数时间里，而且几乎每天如此，基本不受环境影响，持续至少两周。

第二，对平日感兴趣的活动丧失兴趣。

第三，精力不足或过度疲劳。

抑郁症发作的其他附加表现包括以下七点。

第一，丧失自信心和自卑。

第二，无理由的自责或不适当甚至过分的罪恶感。

第三，反复出现自杀想法，或企图实施自杀行为。

第四，自我感觉或有证据表明存在思维或注意力降低，常常犹豫不决或踌躇。

第五，精神运动性活动改变，表现为激越或迟滞（主观感受或客观发现）。

第六，睡眠障碍。

第七，食欲改变（减少或增加），伴有相应的体重变化。

另外，并非所有抑郁症都具有上述明显的可观察的表现。实际上，许多抑郁症的表现形式不易被察觉，需要辅导员仔细深入地了解危机学生的长期状态。这类抑郁症包括以下几种。

第一，微笑型抑郁症，又称为阳光型抑郁症。这类患者虽有抑郁的主观体验，但在旁人面前却总是有说有笑，旁人很难察觉到他是在强颜欢笑。往往在一些比较保密的个人空间里，我们才能看到其较为真实的表现，如个人日记、博客等。这类抑郁学生在日常生活中往往是老师眼中的“完美学生”，他们表现出高度的责任心、进取心，高度的完美主义倾向和过度自责的倾向。

第二，勤勉型抑郁症。典型的抑郁症患者往往做事提不起精神，不愿意动，工作效率低，然而患勤勉型抑郁症的学生却表现为学习狂。他们全身心地投入学习，终日忙忙碌碌，最怕闲下来。即使效率非常低下，他们也不肯放弃学习，但却并不一定明了自己在为什么样的目标奋斗。

第三，隐匿型抑郁症。这种抑郁症以躯体不适为主，抑郁情绪并不明显。这类抑郁症学生经常在校医院、相关医院反复求治，做了许多不必要的检查，但始终没有明确的临床诊断，治疗效果往往不如人意，常被误诊。

所有可能的抑郁症个体都需要及时的专业资源介入，需要通过心理或药物治疗来改善症状。

3. 其他常见的精神异常的初步判定

（1）精神分裂症

这是一种严重的精神疾病，虽然发病率较低，但是一旦出现，对于患病个人及其所处环境的影响较为严重。因此，辅导员对于这类疾病应该有一个初步的认识。精神分裂症的常见症状包括以下几点。

① 内心被揭露体验（被洞悉感）。病人“直觉地”感到自己的内心活动已被别人知晓，或者感到他的思想已经被“传播”或“广播”出去。

② 被控制体验。病人感到他的思想、情感或行动受某种外力的控制，完全不是出自自己的意志，或者病人感到自己的身体活动完全是被动的（躯体被动体验），或是不由自主地“扮演”出来的（被强加的体验）。

③ 思想插入。病人在思考时感到有某些不是他自己想出来的内容“插入”其中，或是感到自己的思想被夺走；或者病人在思考时，思想突然中断，无以为继，有时伴有忽然言语中断的客观表现。

④ 特征性言语幻听。病人凭空听见声音，幻听到对自己当时正在进行的活动的评论，或者幻听到有人命令自己必须怎样做，或者幻听到两个或多个谈话声。

⑤ 妄想。病人会产生无任何事实依据的想法。

⑥ 特征性思维障碍。病人的言语杂乱无章，逻辑性差，他人难以理解。

⑦ 行为怪异或行为冲动。病人会有突如其来、没有任何明显的动机、似乎指向一定的目标但又在完成前中止的行动，或者忽然无故改变目标，事后说不出任何恰当的解释，以致人们无法理解。

⑧ 情感障碍。在一般性情感迟钝、平淡的背景上出现各种很不恰当的情感活动（如情感倒错、无故独自发笑、因微不足道的事而悲啼或暴怒等），或者情感淡漠，伴有社会性退缩。

（2）躁狂症

这是与抑郁症在表现上截然相反的一种情绪障碍，其表现以情绪高涨或易激惹为主要特征。

① 言语比平时显著增多。

② 联想加快，或观念飘忽，或自感言语跟不上思维活动的速度。

③ 注意力不集中，或者随境转移。

④ 自我评价过高，可达妄想程度。

⑤ 自我感觉良好，如感觉头脑特别灵活、身体特别健康、精力极其充沛。

⑥ 睡眠的需要减少，并且不会感到疲乏。

⑦ 活动增多，或精神运动性兴奋。

⑧ 行为轻率或追求享乐，不顾后果或具有冒险性。

⑨ 性欲明显亢进。

躁狂症虽然不会像抑郁症那样导致自杀等严重行为，但在躁狂状态下的个体对于危险和个人能力的判断是不全面的，甚至是缺失的。他们往往高估自己的能力，忽略危险，从而导致自身受伤，易激惹的特点则很可能对周围人和环境造成伤害。所以，辅导员对于可能患有躁狂症的学生要保持一定的关注。

（3）自杀意向

自杀作为心理危机中最为严重的一个类型，应该得到充分的重视。不同类型的自杀存在一些共同的特征表现。对于自杀的早期预警信号的掌握，将极大地帮助到后期的干预过程，起到防患于未然的作用。总体而言，自杀意向的早期表现包括以下几点。

① 表示自己一事无成，没有希望或感到绝望。

② 感到极度挫败、羞耻或内疚。

③ 曾经写出或说出想自杀。

④ 谈及“死亡”“离开”以及在不寻常的情况下说“再见”。

⑤ 将至爱的物品送走。

⑥ 避开朋友或亲人，不想和人沟通或希望独处。

⑦ 性格或仪容剧变。

⑧ 做出一些失去理性或怪异的行为。

⑨ 情绪反复不定，如由沮丧或低落变得异常平静或开心。

一旦确认问题学生存在自杀意向，辅导员必须及时上报院系、通报校心理咨询中心并启动后期干预工作。

（4）暴力倾向或离校出走

这类危机往往源于上述几类危机的后续作用，当我们能够对上述几类危机进行较为准确的判断时，大多可以较好地预见到这类危机的后续出现。

第四节　潜在心理危机阶段的应对

针对存在心理问题的学生，即使他们当时没有处于心理危机状态，辅导员也应该考虑如何建立支持性的环境系统，进一步挖掘潜在心理危机个体的应对资源，帮助学生缓解问题状态，避免问题演变为心理危机。辅导员可以利用的社会支持性资源很多，主要集中在家人、朋友、同学、亲戚和恋人这几大群体。

一、视情况所需，取得家长支持

多数情况下，家人（尤其是父母）的理解和支持是帮助问题学生的重要资源。父母的理解、支持和鼓励可能能够有效缓解问题，消除隐患。因此，辅导员应该第一时间考虑使用这一资源。

但是，在通知父母等家人介入之前，辅导员要谨慎地评估学生父母等家人的介入对于学生来说是有帮助的，还是有可能导致问题恶化。因为，有时候家庭本身就是学生心理问题或危机的来源，或者有的学生出于担心，不愿意父母介入。这时，辅导员在利用家庭资源时就要非常谨慎，应该在与问题学生充分沟通、征得同意的基础上开展这类工作，必要时可以征求校心理咨询中心的专业意见。

二、利用朋辈资源，营造接纳和支持性的环境

大学生多数时间都是在校园内生活、学习，他们更多的是和自己的室友、同学、朋友相处。当问题学生体验到来自朋辈的支持（如尊重、欣赏、鼓励、陪伴等）时，会有更高的自尊体验，会产生更为积极的自我评价，最终能改善自己的心理健康状态。所以利用好朋辈资源，是应对潜在心理危机的一个重要环节。

在利用室友、同学和朋友等朋辈资源时，辅导员一定要做好充分的准备，不能只是简单要求室友、同学等关注甚至盯住问题学生，对其严防死守。辅导员一定要向学生的朋友表明工作目标和要求，向协助工作的学生交代注意事项，帮助他们掌握与问题学生的相处方式和沟通技巧，使其最终帮助辅导员做好陪伴、支持、鼓励等支持性工作。另外，必要时辅导员也可以寻求学校心理咨询中心的协助。

三、做好有针对性的预防性措施

处于潜在危机阶段的学生往往存在一些应激因素。在这一阶段，为问题学生提供资源，帮助解决应激源，是一个重要的干预手段，如帮助解决学习困难问题，协调人际冲突，提供就业指导和就业资源，帮助解决其他具体的问题等。这些措施可以有效降低风险水平，避免问题恶化。

另外一个需要引起辅导员重视的工作，就是避免其他可能成为诱因的事件在这个阶段出现。例如，对于已经处于极度焦虑中的学生，不鼓励其参加竞选，避免因失败后的挫折感而错误归因，导致抑郁；对于无法应对考试压力的学生，应该详细耐心地与其探讨缓考事宜。这些针对潜在心理危机学生在问题状态下可能面对的新压力和新刺激采取的预防性措施，将很大程度上降低潜在危机转化为现

实危机的可能性。

对于心理危机已经明确存在的学生，辅导员就需要将工作向危机干预阶段转移，这部分内容我们将在下一章讲述。

第四章 危机干预

危机事件在辅导员日常工作中虽然很少发生，但是，危机事件带给辅导员的心理冲击和对其心理能量的消耗都相当大。

一旦潜在危机表现出外在可观察的行为，辅导员就需要启动危机干预小组进行危机干预。危机干预小组通常包含三类人员：校级负责学生工作的领导，院系相关领导和辅导员，学校心理咨询中心等机构的专业人员。

危机干预流程根据时间先后，可以划分为三个阶段。首先，是危机前阶段，即确认危机事件已经发生到实施干预的这一阶段。其次，是危机中阶段，即实施危机干预工作的过程。最后，是危机后阶段，即在危机干预完成之后的阶段。

辅导员在危机干预过程中的核心工作就是沟通和协调。因此，辅导员需要具备良好的沟通技能和协调能力，熟悉校内外各种处理这类危机的专业机构，协助院系和专业人士顺利完成危机干预各阶段的工作。

辅导员有效的工作不仅可以避免更严重的恶性事件的发生，甚至可以把已发生的危机事件可能带来的伤害降到最低，把危机事件转化为促进学生健康成长的契机和资源。因此，辅导员掌握科学、机智、有效的沟通协调的方法，了解基本的处理危机的方法就显得十分重要。

第一节　危机前阶段的干预策略

一、一般危机干预的基本流程

1. 危机干预六步法

大多数危机干预理论中，都有六步非常重要的方法。

① 确定问题：采取积极倾听的方式，澄清危机干预对象所遇到的问题。

② 保证求助者安全（或保护现场）：想方设法将危机干预对象的生理和心理伤害降到最低。

③ 提供支持：争取危机干预对象的信任，使其相信问题可以解决。

④ 提出可以变通的应对方式：让危机干预对象看到多种可能性，松动其孤注一掷的想法。

⑤ 制订行动计划，矫正情绪失衡状态：在尊重危机干预对象自主性的前提下，与其共同制订行动计划，缓解其情绪失衡状态。

⑥ 得到承诺，采取积极的应对方式：确保从危机干预对象那里得到诚实、直接的承诺，并确保其能够坚持执行。

这一六步法不仅可以在危机中或危机后的干预中使用，也适用于发现潜在危机时的处理。辅导员在这六个步骤中，要量力而行，切忌一个人包揽。有些年轻的辅导员为了证明自己的工作能力，遇到棘手的学生心理或精神上的危机个案，选择独自帮助学生解决，结果学生的问题不仅得不到解决，自身的工作状态也受到了影响。

在使用危机干预六步法时，需配合一些心理咨询工作常用的核心技术，如真诚、共情、无条件积极关注等。这些能够帮助辅导员与学生建立积极的关系，有利于帮助学生走出危机。

2. 危机前干预过程中的注意事项

无论在何种危机事件中，在具体实施危机干预过程中都需要注意以下几个方面。

首先，要取得学生的信任，建立良好的沟通关系。

其次，提供情绪疏泄的机会，鼓励学生把自己的内心情感表达出来，不急于改变学生的状态，先接受学生的感受。

再次，对求助者提供心理危机及危机干预知识的宣教，解释心理危机的发展过程，使他们理解自己目前的处境，从而建立自信，提高对生理和心理应激的应付能力。

最后，当学生的情绪基本稳定之后，辅导员可以协助咨询中心等专业机构进行下一步的工作。

辅导员要根据不同个体对事件的反应采取不同的心理干预方法。例如，积极处理急性应激反应，开展支持性心理治疗、认知矫正、放松训练等，改善学生的焦虑、抑郁和恐惧情绪，减少过激行为的发生，必要时适当服用镇静药物。除运用以上常规技术进行心理干预外，辅导员还可以引入规范的程式化心理干预方法，如眼动脱敏信息再加工技术（EMDR）等。辅导员也应调动和发挥学生的社会支持系统的作用，鼓励其多与家人、朋友接触和联系，减少孤独和隔离。

以上是危机干预的基本流程和注意事项。辅导员虽然较少直接介入危机干预的实施，并且我们也不建议辅导员直接介入危机干预，但了解这些知识会帮助辅导员更好地发挥自己在危机干预过程中的作用。

二、不同危机类型的危机前干预策略

1. 疑似精神疾病倾向学生的危机前干预策略

若辅导员（直接或间接）发现学生出现疑似精神疾病的言语和行为（如比较怪异的举动，或者宣称有人陷害自己），要引起警惕，此时就进入了危机前干预阶段。根据危机干预的基本流程，辅导员要做的工作主要有如下几个方面。

① 向所在院系相关负责人（如分党委副书记）汇报所发现的事实。

② 主动与心理咨询中心联系，获得专业支持。

③ 若发现当事人有危害自己或他人的行为或可能性，还应及时联系学校保卫处，确保当事人或潜在受害人的人身安全。

④ 通知学生的父母或其他亲属。

在这一阶段，辅导员可能会遇到学生家长不配合的情况，如家长坚持认为自己的孩子不可能患上精神疾病，或由于各种原因家长不能及时赶到学校，或家长将孩子的状况归罪于学校等，这些可能都会使当前的状况恶化。

另外，也可能出现如下情况。例如，学生被医院诊断为精神分裂症前期、躁狂症、抑郁症等精神疾病，一时又住不进医院，或学校心理咨询中心专业人员建议进一步确诊排查，但学生拒绝去医院。所以，辅导员要谨慎、严密地开展工作。详细而言，辅导员在这个阶段的主要工作包括以下几个方面。

第一，采取必要的安置、监控措施。在家长到达学校之前，辅导员应在院系领导的支持下实施监护措施。对有伤害他人倾向的学生，不宜由其他学生负责，最好选择该生熟悉并信任的教师陪伴他，有两人以上在场为宜。在看护学生时，安置房屋要选在低层，以免该生情绪失控，试图跳楼。

第二，尽快与家长沟通。家长对自己孩子的身心状况有知情权，辅导员作为学校学生工作的一线人员，是向家长报告学生情况的最适宜的人选。家庭因素可能是导致学生精神疾病的因素之一，同时也是治愈学生心理疾病的重要因素。当学生出现精神（心理）疾病症状，父母的关心、理解，情感上的安慰、接纳，及时就医的劝导等，对消除学生的“病耻感”十分有益，并会对学生康复后回归正常学习和生活起到重要作用。辅导员要根据自己所掌握的相关知识，说服学生父母遵照医嘱进行治疗，引导他们积极肯定孩子的点滴的进步，增加孩子战胜疾病的信心和希望。

辅导员与家长沟通的主要内容表现在三个方面。首先，辅导员本着对学生的关心爱护及对家长负责的态度，实事求是地将自己了解到的该生近况、变化告知家长，并询问家长在与孩子的交流中是否觉察到孩子的情绪变化或生活异常，如消费情况、对学校生活的感受等。其次，及时将医院或学校专业人员的建议传达给家长，争取家长的配合。最后，提供必要的建议。孩子遇到成长的困难时，希望家长作为孩子成长的重要支持者，能配合工作，如来校看望学生，协助就医；要告知家长，依照法律，学生住院治疗要由家长办理住院手续，因特殊情况家长不能陪同时，学校（班主任或辅导员）只有在持有家长或监护人的委托书或口头授权录音时，才能代替家长办理相关手续。

第三，简单培训负责看护的人员。在辅导员安排看护人员执行任务之前，要简单介绍看护任务，了解看护学生的性格和可能的反应，叮嘱他们多倾听和包容被看护学生，避免刺激他们，同时提供必要联系人的联系方式。

第四，为当事学生保密。除必须知道的人员外，辅导员不应扩散当事学生的实际情况，以免给其造成心理上的二次伤害（自尊心受挫或增加“病耻感”）。辅导员应通过自己的身份特点，给予当事学生更多的关心，让其感受到来自他人的关怀、接纳与温暖，而不是让其感觉自己像包袱一样被甩掉。

第五，为学生复学及回归正常学习和生活做准备。在当事学生休养期间，辅导员可以动员本班、同宿舍同学与当事学生保持经常性的联系，关心和鼓励其战胜疾病，使其感受到教师、同学的温暖，从而尽快恢复健康，回归学校。

对精神疾病康复后提出复学的学生，我们必须要求其持有正规的精神专科医院医生的诊断证明，证明其已经康复，可以复学。正式复学前，我们建议学生接受学校心理咨询部门的评估，将本校评估作为是否允许其复学的重要参考意见。

2. 企图自杀的学生的危机前干预策略

当得知有学生企图自杀时，辅导员首先要稳定好自己的情绪，切记不要独自冲到前面，而是要有协调资源、获取支持的意识。

发现有自杀倾向的学生时，辅导员具体的处理步骤可大致如下（见图4-1）。

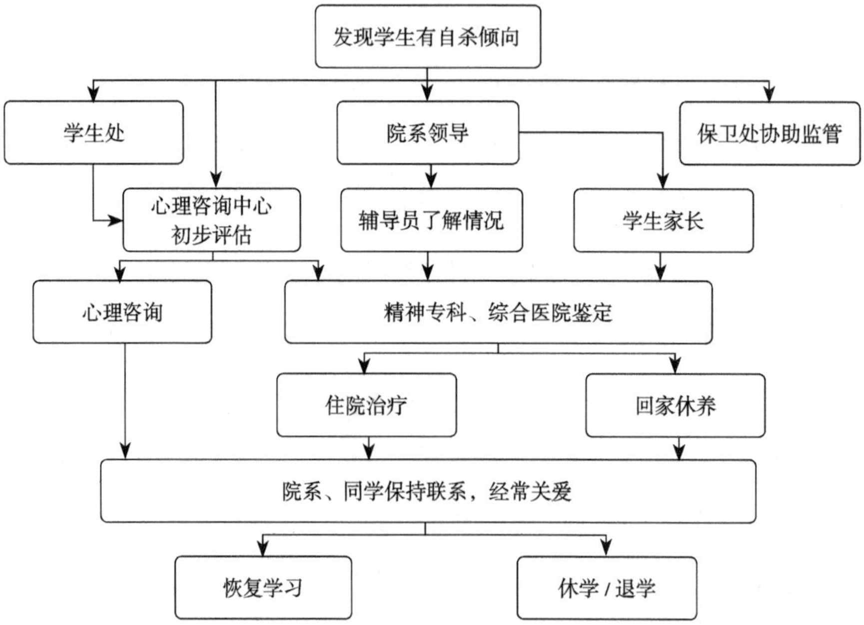

图4-1　发现学生有自杀倾向时的危机干预流程图

① 通报院系直接领导、保卫处、学生处。

② 与心理咨询中心联络，获取专业的建议。

③ 由院系相关领导（如分党委副书记）通知学生家长。

④ 如果危机干预对象的症状比较严重，需要精神医生的诊断，则由辅导员协助将危机干预对象转介到精神专科医院诊断，然后根据专业治疗建议做出相应安排，或者住院治疗，或者休学治疗。

⑤ 学生复学前，辅导员需要和咨询中心沟通，进行复学评估。

值得注意的是，在这个阶段，辅导员经常遇到的困难就是与家长的沟通困难。家长在听到子女企图自杀时通常会很震惊，然后可能出现“责备”行为，既可能责备孩子，也可能责备与他们沟通的人。所以，在与家长沟通的时候，辅导员首先要充分理解家长的心情以及家长可能出现的一些反应，安抚家长的情绪，站在与家长一致的立场，表达愿意与家长共同帮助学生走出当前危机的意愿。其次，待家长情绪稍微平复后，辅导员要争取家长前来学校一起帮助危机干预对象，并预先告知家长不要给孩子造成压力，而是尽力理解孩子的处境并协助孩子恢复平静。家长到学校本来是为了帮助孩子，如果不事先和家长沟通好一些注意事项，家长的到来很可能会给孩子增加压力，结果适得其反。

3. 轻微心理疾患学生的危机前干预策略

许多心理危机都是逐渐累积起来的。因此，辅导员需要具备识别心理异常现象的知识。辅导员和学生互动越频繁，就越容易觉察学生的异常变化。如果有学生近期遇到家人病故、失恋、考试失利、身患重病或疑难杂症等问题，辅导员要高度警惕，密切关注这些学生的日常行为变化。

辅导员也会遇到有轻度抑郁或其他轻微心理疾患的学生，他们没有自伤倾向，医生往往建议他们一边服药一边继续留校学习。此时，除了要敦促学生按照医嘱服药外，辅导员还应鼓励他们及时前往心理咨询中心寻求专业帮助。

辅导员平时要多与学生沟通，了解学生当前的生活和心理状态，倾听其对自己当前生活的感受及想法，帮助其探索解决眼前困难的策略，鼓励其取得的进步，减少其孤独感和“病耻感”，促进其积极融入正常的学习和交往。

4. 违反校规校纪的学生的危机前干预策略

大多数学生在因违反校规校纪而被处罚时，都有后悔、恐惧、担心、焦虑不安的情绪。他们有的会说出一些不计后果的话，有的会沉默寡言，有的会对周围的人产生防御或敌意心理，还有的会发生人生观的动摇或改变。

辅导员在与这些学生谈话时，需要注意一点，即关心其人而少谈其事。辅导员应先关注学生对当前事件的现实感受，接纳学生当下的情绪反应，不逼迫学生一定马上接受我们认为的正确认识；多提供关怀和理解，待学生情绪逐渐稳定，意识到自己的错误以后，辅导员可以给予纠正和指导。

至于重度精神疾病（如重度抑郁症）的处理方式，本书后面有专门章节介绍相关干预措施，在此不再赘述。

第二节　危机中阶段的干预策略

本节主要介绍两种常见的危机事件的干预策略：一个是学生离校出走，另一个是学生实施自杀行为。

一、学生离校出走

当辅导员发现或得知学生未向任何人请假或打招呼，旷课并离开学生宿舍或学习期间暂住地时，确认实际情况之后，可以根据下列步骤采取行动。

① 及时向院系负责人汇报具体情况，启动危机干预系统。

② 寻找该学生的社会联系人（家长、同学、朋友、老乡等），向他们了解该生的

近况，如该学生言语、行为、情绪上有什么异常，常去的地方，最近关注的事情，离开学校是否带走身份证、银行卡、手提电脑、手机、照相机等个人常用物品等，以便确定学生问题的性质。

③ 尽可能向当事人传递出辅导员及周围人的牵挂与关心，及时通过手机短信、QQ、微信等沟通工具和渠道，不断传递辅导员与同学们的牵挂与关爱，如“你在哪里，我们都很担心你”，“我们一直在等待你的消息，知道你现在可能遇到了一时难以面对的困境，我们愿意与你一起来面对”等。

④ 及时向公安系统报案，请求协助寻找。

⑤ 当学生主动返校或被找回学校后，辅导员要耐心教育，要理解学生在困境中的无奈选择，不批评，不指责，积极了解学生离校出走的真实原因，并通过与学生的深入谈心，让学生自己意识到这种行为带来的后果。

⑥ 当危机解除后，仍需持续关注两周以上。

二、学生实施自杀

某个星期六，辅导员李老师在家休息。八点多，她接到一个女学生打来的电话，焦急地向她诉说：早晨听到隔壁同班同学的寝室里有人在摔东西，还伴有悲伤的哭泣声，而且声音越来越大，随后又移动到窗户外。她急忙走到宿舍窗户前探望，只见隔壁宿舍的小莹正坐在窗台上哭泣。她招呼小莹当心危险，赶快下来，小莹也不听。她又赶快到小莹的宿舍，但宿舍门紧闭，紧急中她只好打电话给辅导员。一听到是小莹，李老师心里一紧。小莹住在四楼，同宿舍有几个同学又都去外地实习了。李老师马上让学生隔窗继续与小莹聊天，劝说其注意安全，并告知学生自己马上赶到。李老师一边快步下楼，一边思考，认为自己的力量毕竟有限。她马上向院系负责人汇报，并向心理咨询中心的老师求助：我到现场能做什么？要注意些什么？当大家赶到现场，在宿舍管理员的协助下打开门时，只见室内一片狼藉，书倒瓶碎，小莹头发蓬乱，双腿向外，正坐在窗台上……

这一幕，像被定格了一样。周围人谁都不敢轻易向前一步，眼睛红肿的小莹失神地回望了一下门口的李老师，李老师则从小莹的眼神中看到了希望，说："小莹，我知道你要强，这段时间实习不顺利，也许还有一些其他事情，你心里挺苦恼，憋闷得慌，也试过自己解决，你先下来，同李老师说说看……"李老师边说边向窗户靠近，在小莹迟疑的片刻抓住了她的胳膊。守在门口的其他老师也急忙上前协助，将小莹安全地带离了窗口危险地带。已经哭得泪人似的小莹，此时浑身发软，像软胶泥一样倒在床上，哭喊道："我不想死，我心里难受，透不过气来……"

李老师一边暗示另一位随后进来的老师关上窗户，并坐在靠窗边的地方，一边给小莹递上一杯水，说："我知道你难过，慢慢讲……"

"我考研失利后非常郁闷，许多事情都做不好了。我同宿舍的好朋友讲，她们只是说你别多想。可我就是控制不住自己，我说要去心理咨询中心，好朋友又说，你去了咨询中心，院系老师就会知道，说不定还会影响你就业。好朋友都这样说，我就更憋闷了。我气愤，可又没法摆脱。"小莹一边哭，一边说。

"你生好朋友的气，也生自己的气。"

"是的。我怎么这么没用！"

"我刚才听你说想过去心理咨询中心？咨询中心的老师不仅懂专业，我接触到的几位老师还非常和蔼可亲，要不我们联系一下？"

"我认识心理咨询中心的×老师，我很喜欢听她的讲座。"

"我们不谋而合了。我遇到一些事情，不知怎么办好时也向她寻求过帮助。这次让我们一起再试一试，现在就联系吧！"

心理咨询中心的×老师此时早已赶到宿舍楼，让辅导员先进宿舍就是她的建议和指导。

这时，×老师走进宿舍，对小莹说："我是心理咨询中心的老师，你愿意在这里，还是换个地方交流？”

“这里是我的伤心之地，就在这里吧！”

“如果没有足够的勇气，你不会选择在这里见我，并向我说出你的问题。”

心理老师看着对方，向前倾身，专心地听小莹的叙述。小莹害羞、自责、愤怒和悲伤的情绪虽然还在，但已建立起的相互信任的关系使小莹越来越松弛。

心理咨询师单独与小莹进行了一小时多的交流，从专业角度确定了小莹问题的性质，评估了她情绪焦虑的程度、自杀的危机程度。最后，小莹写下承诺书，决定今后一段时间坚持去咨询中心咨询，并接受了到一楼招待所与老师小住几日的建议。

辅导员和心理咨询师在上述案例中灵活地运用了适用于所有危机场合的六步法。

第一步，确定问题。

从当事学生的角度，理解学生本人所认识的问题。在整个危机干预过程中，核心的心理辅导技术是真诚、尊重、同理心、理解、接纳。

第二步，保证求助者安全。

一旦确认学生处于心理危机之中，最重要的就是保证学生的生命安全。如果发现学生处于危险的环境，如楼顶或是窗台，辅导员要在第一时间通知相关领导和相关部门，同时设法接近当事人，将其带离危险环境。如果辅导员熟悉当事人，可以慢慢接近，劝说当事人离开危险的环境，必要时可以采取措施将其强行带离。

如果不是很有把握，辅导员应先稳定住当事人的情绪，拖延时间，等待救援人员。在自杀现场的干预方面，警察是我们主要求援的对象，他们在这方面的经验比较丰富，特别是在高空救援方面，必要的时候需联络保卫处或消防队。

在警察、消防队、院系领导、学校有关部门，如保卫部门、心理咨询中心等专业人员未到达时，辅导员与危机当事人工作的重点是稳定当事人的情绪，避免情况进一步恶化，可能的话先将当事学生转移到一个稍微安全的地方。在上述案例中，李老师先让小莹从窗台上下来，坐到安全的地方再交流，并关好门窗，创造一个安全的环境，这些都是非常重要的措施。

第三步，给予支持。

通过与当事学生的沟通交流，辅导员努力使其知道老师是能够给予自己关心帮助的人。辅导员不去评价当事学生的经历与感受，而是提供一个机会，让当事学生相信“这里有一个人确实很关心我”。案例中辅导员的行为就传递出了这样的信号：我尽力帮你，但我能力有限，我可以推荐值得信任的专业人员进一步接力实施。

第四步，提出可以变通的应对方式。

多数情况下，危机中的学生处于思维不灵活的状态，不能恰当地判断和选择，甚至认为已经无路可走。例如，小莹因自己的苦恼一时无人理解，就产生了绝望情绪。心理咨询师的介入能帮助当事人稳定情绪，提供情感支持，进而引导当事人走出死胡同。

第五步，制订行动计划，矫正情绪失衡状态。

在辅导员的最初工作起作用时，当事学生的情绪会暂时平稳，这时辅导员要继续深入地帮助当事学生。辅导员与心理专业人员还要与当事学生共同制订可行的行动步骤来矫正其情绪失衡状态，这样才可能避免危机事件的再次发生。

辅导员可以参考如下建议。

其一，天无绝人之路。辅导员向当事学生介绍学校或社会上可以信赖的心理辅导机构，询问当事学生平时有哪些同学、老师、朋友或老乡可以说说心里话，这时谁在他身边他会好受些。

其二，共同制订当事学生力所能及的行动计划，尽量了解当事学生当前的应付能力，努力找到当事学生能够理解和把握的行动步骤。

其三，语言上的建议。例如，“你打算……”“这个计划如何帮你去实现……”“你将如何使这个计划发生？”等等。要避免问学生“为什么”之类的问题，这些问题不利于辅导员收集到更多的信息，同时会让当事学生产生防御心理。

第六步，得到当事学生的承诺，采取积极的应对方式。

辅导员可以让当事学生复述自己当前的感受、可以尝试的行动计划。例如，辅导员可以说："小莹，现在我们已经商讨了你在实习期间计划做什么，下一步就要看你如何向同学表达自己的愤怒情绪。请跟我讲一下你将采取的行动，以保证你不会那么委屈。"有时，当事人未必可以有效地表达自己，辅导员可以通过行为训练的方式，帮助当事人一点点学习表达自己感受的方法。

在结束危机干预前，辅导员要尽量从当事学生那里得到诚实、直接和适当的承诺。相关流程参见图4-2。

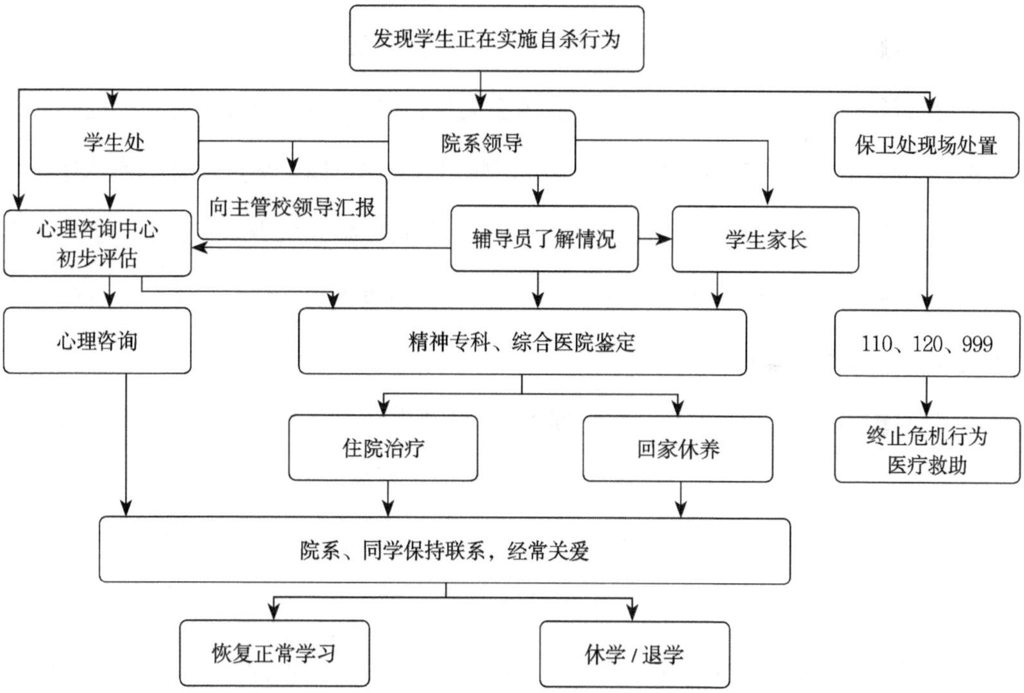

图4-2 发现学生正在实施自杀行为的危机干预流程图

总之，在危机事件中，辅导员要发挥桥梁作用，及时通报信息，联系相关资源，发挥组织和协调作用。

第三节　心理危机事件后期干预

危机后干预指的是危机事件发生以后，帮助危机当事人以及受影响人群恢复到危机前状态。大学生危机事件的结束，并不意味着事件造成的影响就结束了。一个完整的危机干预过程既有危机前干预、危机中干预，还包括危机后干预。做好危机事件后的处理，既可以消除事件带来的负面影响，又可以积累危机管理的经验，还可以完善学校相应的规章制度。

例如，某高校研三学生杨某因写作硕士毕业论文受挫跳楼自杀，校方领导委派院系进行后续处理，院系又让杨某的辅导员老师接待家属。由于事先没有组成危机干预小组，学校和院系、辅导员之间没有充分沟通如何应对，因此事件没有得到及时妥善的处理。家长情绪十分激动，认为学校内部相互推诿，猜想其中另有隐情，于是利用网络渠道曝光了学校处理问题的方式。该校处理危机事件的方法不仅不利于危机事件的化解，反而产生了诸多负面影响。

这件事反映出学校对危机事件后期干预缺乏有效的应对措施，也没有相应的规章制度。如果在危机发生后，学校能够迅速启动危机干预小组，商讨有效的解决办法，依照相应的规章制度处理，大多数危机事件都可以有效解决，甚至能转化为教育的契机。

下面，我们就辅导员在危机后干预过程中，对当事人和事件受影响人可以采取哪些干预措施展开探讨。

一、心理危机事件当事人的后期干预

辅导员对危机事件当事人的后期干预总体思路如下。

首先，确定问题，对事件有一个完整的了解。辅导员需要通过各种渠道收集相关信息，对事件有一个全面的把握，进而形成处理问题的思路。

其次，明确自己的职责范围。辅导员在对事件有全面的了解后，要知道怎样处理面临的问题，还需要清楚在事件处理过程中哪些是自己能够做的，哪些是自己需要寻求支持的。辅导员在和经历过心理危机的学生交流时，关键是要快速判断当前学生的状况自己能否处理，如果力不从心，要尽快联系学校心理咨询中心，并事先和咨询中心的专业人员充分交流。

再次，尊重当事人的感受。在经历了比较重大的事件的冲击后，人们会表现出一些平时较少见的心理与行为特征，会让周围的人认为是不正常的。实际上，绝大多数因受到重大事件冲击而表现出来的心理与行为特征都属于经历非正常事件后的正常反应。因此，辅导员在和当事人的交流过程中，要本着理解和尊重当事人的态度，这样才会收到比较理想的沟通效果。

最后，对当事人保持关怀，持续关注，将事件带来的负面影响转化为成长的契机。辅导员可以通过与当事人的交流，发现当事人还面临哪些实际的问题，并提供相应的支持和帮助，并根据当事人的表现评估其是否能够继续在校学习和生活，如果发现当事人难以继续学业和正常生活，需要将其转介到学校心理咨询中心进行评估诊断。

下面，我们分别介绍对自杀未遂、精神疾病康复后返校及其他危机事件当事人的后期干预措施。

1. 当事人自杀未遂

自杀未遂即自杀行动中止，分两种情况：一是当事人自己选择中止自杀行动；二是当事人被发现后被动中止自杀行动。这两类自杀未遂情况的后期干预流程基本相同，参见图4-3。

（1）及时通知学校相关部门及学生家长

辅导员无论是直接或间接获知学生有自杀形为，都应高度警惕，及时通报院系领导、学生处、保卫处。学校相关部门应共同协助监护当事人，以免当事人再次采取自杀行为。

由院系负责通知家长。在与家长沟通过程中，辅导员要让家长感受到学校对学生

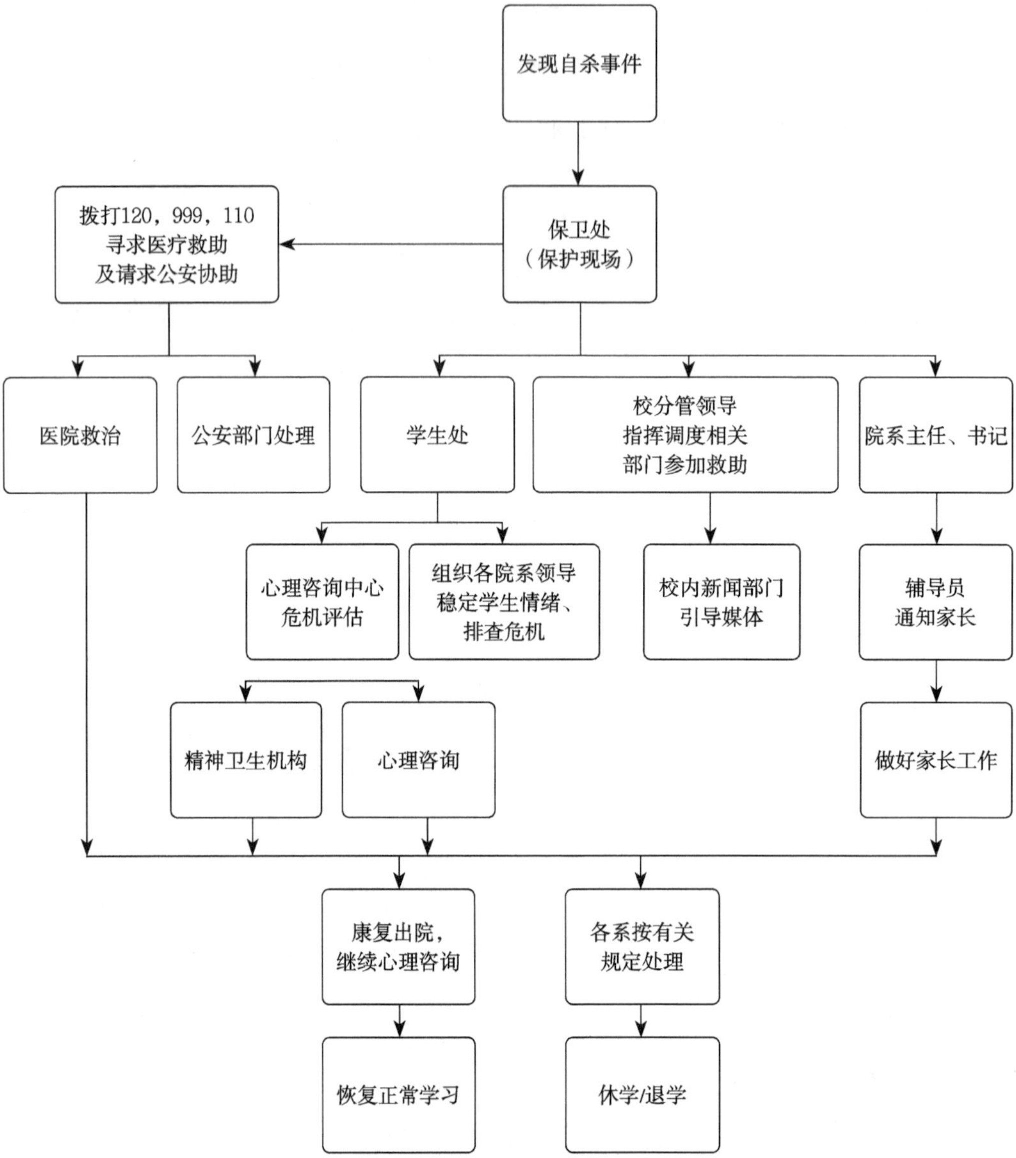

图4-3　自杀未遂事件干预流程图

的关心，避免让家长误以为校方只是想要推卸责任。另外，要理解家长对孩子的担心，向家长介绍有关自杀及精神疾病的常识，缓解家长对精神疾病的恐惧。

（2）院系做好安全监护工作

在家长到达学校以前，院系负责看护当事学生，可安排当事学生在学校的宾馆低层（2层以下）临时住宿，派当事人比较熟悉和信任的教师或学生干部陪伴。陪伴当事人的教师和学生在进行监护之前，需要了解心理危机的特点、可能发生的危险情况以及处理办法。

（3）尽快到专业医院进行诊断

由家长陪同当事学生前往符合规定的医疗机构进行诊断。一般家长都会因为缺乏精神疾病知识、担心影响孩子的前途，不愿接受专业的诊断和建议。院系相关负责人和心理咨询中心的教师要说服家长尊重专业的诊断和治疗建议。

若短时间内难以与当事学生家长取得联系，而当事学生的心理问题已严重危及自身生命安全，学校可直接送当事学生到医院就医或留院观察（非住院）；同时，辅导员要通过多种渠道尽快与家长取得联系。

当事学生如果被确诊为精神疾病，家长应遵从医院的建议，住院治疗或回家休养。若医生建议住院治疗，要由家长办理住院手续，若因特殊情况家长不能陪同，院系教师需持家长或监护人的委托书（委托学校代理家长办理住院手续、委托人身份证复印件、委托人签字盖章），代替家长办理住院手续。若医生建议回家休养，院系应办理休学、退学手续，叮嘱家长关注当事学生服药，并介绍护理的注意事项。

（4）提供心理支持

如果当事学生被诊断为无精神疾病，能够继续学习，那么，辅导员平时可以多与其接触，鼓励其参与班级活动，融入集体之中。

辅导员应如何与自杀未遂的当事学生进行沟通？

① 保持冷静，耐心倾听，使其充分诉说内心的感受。

② 接纳其内心的感受，不做判断。

③ 不要试图改变其感受。

④ 鼓励其寻找帮助和支持。

⑤ 取得其他老师和同班、同宿舍同学的帮助和支持。

若辅导员发现无法有效地帮助当事学生，可以鼓励他到学校心理咨询中心接受定期的心理辅导，由心理咨询中心的专业教师帮助他寻找自杀的原因，协助他建立社会支持系统，提高他的应对技能，促进其心理的成长和发展。

2. 精神疾病康复后返校

精神疾病康复后提出复学的学生，需要持有正规的精神专科医院的医生诊断证明（证明其已康复，可以复学），再由学校心理咨询中心、学生处和学生所在院系相关人联合商谈，确定其是否可以复学。

3. 当事人遭受严重身心伤害

所谓“严重身心伤害”，是指给当事学生心理带来巨大冲击的生活事件，如意外事故、性伤害、身体受伤等。

身体伤害往往也会对心理造成冲击。当事学生因身体受伤出院复学后，院系应给予必要的心理上的关注，辅导员可以通过与当事人的交流，判断其心理状态。若发现学生又发生了重大变化，甚至有轻生的念头，应及时与院系沟通，并建议其接受心理辅导。

心理咨询中心的专业教师会根据PTSD（创伤后应激障碍）描述症状进行初步评估，如果当事人精神状态明显异常，应到符合规定的精神专科医院进行诊断。

PTSD临床症状

1. 创伤性再体验症状

（1）反复闯入性地痛苦地回忆起这些事件，包括印象、思想、知觉。（2）反复而痛苦地梦及此事。

2. 回避和麻木类症状

（1）努力避免有关此创伤的思想、感受、谈话。（2）努力避免会促使回忆起此创伤的活动、地点、人物。（3）回忆不出此创伤的重要方面。（4）很少参加有意义的活动，或没有兴趣参加活动。（5）有脱离他人或觉得他人很陌生的感受。（6）情感范围受到限制（如不能表示爱恋）。

3. 警觉性增高症状

（1）难以入睡，或睡得不深。（2）激惹或易发怒。（3）难以集中注意。

4. 当事人失踪后返校

所谓“失踪”，是指当事学生在无人知晓的情况下离开学校，其他人无法取得与当事学生的联系。当事学生返校后，需要院系给予关注。辅导员需要与当事学生进行深度的沟通，了解其出走原因，问题出在哪里，并帮助解决。辅导员若发现当事学生在思维、语言和行为上存在异常，且不能帮助他解决问题时，需将其转介到学校心理咨询寻求专业帮助。

辅导员在和当事学生进行沟通时，需注意沟通的方式方法，本着尊重、理解的态度，避免批评、挖苦。例如，看到失踪数天的当事学生返校，辅导员采用不同的问话方式会取得不同的效果：

辅导员一：你终于回来了！跑哪里去了？可把大家害惨了！

辅导员二：你回来了！我们这几天真的很担心你，你愿意和我谈谈吗？

第一种方式无疑是雪上加霜，本来当事学生离校出走已是无奈之举，回到学校又遭受指责，心情当然无法好转。第二种方式则充分体现了辅导员的关心和尊重，这有利于建立积极的谈话氛围，从而使辅导员了解当事学生的真实想法。

5. 当事人死亡（自杀、他杀）

辅导员得知当事学生已经自杀或他杀死亡，应采取如下应对措施。

（1）及时报告

辅导员确认信息真实可靠后，要立刻通报学生处、保卫处等部门的相关领导赶到现场，并协助核实下列事宜是否已经执行。

① 通知警方，由警方通过刑侦手段查明和处理现场。

② 向主管领导第一时间汇报基本情况。

③ 如果死者身份确认，立刻通知院系负责人以最快速度赶到现场。

（2）联系家长并努力沟通

告知家长学生的死亡信息时，一般由学生家长较为熟悉的辅导员通知为好。辅导员可以先委婉地告诉家长学生意外受伤、住院治疗等，使家长有个心理适应过程，待家长到学校后，再逐步透露学生的状况。

学校要尊重家长见遗体的意愿。如果家长坚持看遗体，应由保安部门和院系领导陪同，做好家长的心理安抚及身体保护工作，以免家长情绪失控，发生意外。

学校要主动与家长沟通，理解家长的悲痛之情，注意将家长及其家属安顿好。辅导员要尽量在校内与家长沟通。所有与家长接触的人员都要尊重家长，在沟通过程中多听、少说、谨慎表态，一般要由两人共同与家长会面。

学校不宜和家长直接讨论责任问题。应由学校保卫部门帮助家长与公安部门联系，由公安部门直接向家长宣布刑事调查结论。

（3）事件公开

为了减少不知情人的猜测、议论甚至恐慌，辅导员应将学校统一发布的公告简明扼要地通知给自己所负责的院系或班级，建议学生不要到网络上参与事件的讨论，避免接受媒体采访。

（4）后事处理

在家长同意接受学校的慰问金后，可以进入后事处理阶段。这个阶段主要包括如下事宜。

① 通常由院系支付丧葬费用。对于经济困难家庭，学校也可以组织师生捐款，表达对家长的慰藉。

② 遗体告别和追思会。辅导员与院系领导共同征求家长的同意后，可以协助家长组织遗体告别仪式。对于少数民族学生，注意尊重其风俗习惯。学生所在院系可组织追思会，由同学、教师表达对当事学生的怀念之情。

③ 送别家长。辅导员应协助家长将学生在校的一些手续办理完毕，为家长办理返程车票或机票，并鼓励死亡学生的同学、好友与学生的家长保持联系，给予关怀。

（5）对受危机事件影响的学生进行心理辅导，警惕模仿性行为的发生

对危机事件目击者、同宿舍同学、同班同学等受危机事件影响的同学，要尊重他们的需求，必要时辅导员应配合学校心理咨询中心的专业人员实施集体的哀伤辅导。对其中受影响严重者，辅导员可以建议学生接受单独的心理辅导。密切关注学生的各种反应，及时疏导学生中出现的恐慌、害怕等负性情绪，维持学生正常的生活秩序。对最易受到影响的学生给予关注，了解他们的想法和解决问题的策略，避免模仿事件的发生。

（6）收集有关信息，准备书面报告素材

辅导员要尽量收集整理已经掌握的或事发时学生们所了解的当事学生的基本信息，越客观越好。书面报告的内容包括：该生的人口统计学情况，如家庭人口、学业水平、健康状况、性格特点、人际关系等；汇总周围同学对自杀学生平时表现的反映；当事学生自杀的基本情况，如时间、地点、发生方式、抢救等；请咨询中心的工作人员协助补充说明是否有该生心理健康普查或咨询的记录等。

（7）协调工作与健康之间的关系

辅导员在处理危机事件时，一定十分辛苦，但在千头万绪的工作里照顾好自己也是十分重要的。

（8）及时总结经验教训

学校要尽快恢复正常的教学秩序，心理咨询中心和学校有关部门应将这一危机事件作为教育的契机，引导学生热爱生命，珍惜生命。学校要总结事件处理过程中的经验教训，完善学校的心理危机预防和干预工作，加强学生的心理素质教育。

6. 当事人杀人或伤害他人

如果当事人杀人或伤人，同样会造成较大的影响。当辅导员得知自己的学生杀人或伤人后，可以参考以下几个步骤进行处理。

（1）明确问题

尽量完整地了解事件的真伪及详细过程。

（2）迅速通报

及时通报院系、学校保卫部门，将杀人或伤人的当事人看管起来；呼叫110和120前来调查和救治；通知当事学生家长前来配合工作。

（3）配合调查

寻找目击人，配合警方进行调查；将当事人交由警方调查。

（4）制定积极的应对措施

辅导员可以安抚家长的情绪，提供必要的接待工作，使家长感受到学校的关心和支持，并协助家长整理学生的宿舍，办理相关手续。

最后，学校要根据法院最终判决结果采取相应措施。

二、受危机事件影响群体的后期干预

受危机事件影响的群体是指事件目击人、危机相关人（同学、室友）。心理学上有替代创伤（vicarious trauma）或次级创伤（secondary trauma）这一概念，也就是说，与当事人有关联的人都有可能受到影响。因此，危机事件发生后，针对影响群体的后期干预也十分必要。

辅导员在对受危机事件影响的群体的后期干预中，需根据现实的需求进行组织。辅导员一般不具备专业的创伤辅导的技能，因此，可以邀请学校心理咨询中心的专业教师进行这一环节的工作。具体的注意事项如下。

首先，尊重事件影响人的感受。危机事件现场的目击人，或者与危机当事人的社会交往较多的人都会对此有较为强烈的情绪体验，如震惊、不敢相信、悲痛，甚至可能表现出创伤后应激障碍等。因此，我们要尊重和接纳受到事件冲击的群体表现出来的一些情绪、举动。

其次，站在支持的立场上与事件影响人交流。共情在这里就显得尤其重要。换句话说，要先能够体会受事件影响个体的感受，继而才能有效地进行交流，并开展后续的干预工作。

最后，注重情绪疏导。过去的一切都不可更改，因此，对于受影响群体干预的重点是允许他们表达、宣泄由事件所诱发的各种情绪。在他们的情绪得到疏导后，辅导员才能再进一步引导他们进行理性应对。

1. 家　庭

这里重点介绍当事学生自杀之后，如何对受影响的家庭进行后期的干预。通常辅导员对当事学生家庭能够做的事情比较有限，主要由院系领导出面解决善后事宜。

辅导员可以发挥如下作用。

①协助家长办理往返的手续，安排住宿、接待等工作。

②帮助家长整理当事学生的物品，办理相关手续，如退还住宿费、就餐卡等，还要帮助家长办理当事学生的学籍、户口、档案等。

③如果当事学生家庭比较困难，协助院系组织募捐活动。

④鼓励当事学生生前的好友常与当事人的父母联络，表示关心和慰问。

这里经常会出现这样的情形：家属可能向辅导员“兴师问罪”。遇到这种情况，辅导员通常都会比较害怕，自然的反应就是辩解，这样一来很容易和情绪激动的家属产生争执，进而有可能引发冲突。

面对这种情况，辅导员比较理想的沟通方式是与家属共情，同时不要和家长谈论责任的问题。例如，辅导员可以这样说：“事情既然发生了，我和你们一样很难过。我们现在来看看能够做些什么……”这样就会把家长的愤怒情绪引向建设性的方向。

2. 事件相关人员

由于危机事件种类较多，我们重点介绍那些受自杀事件影响的相关人员，对这些人进行相应的后期干预措施如下。

（1）关心死者的室友

辅导员可以与宿舍管理中心协调，安排死者室友到其他宿舍住宿。如果需要，第一天晚上及其后几天辅导员可安排有经验的教师或亲自陪同住宿。待家长清理完死者遗物后，可征求同宿舍同学的意见，安排其回原宿舍住宿或者转到新的宿舍。

（2）对受危机事件影响的同班同学进行心理辅导

对受危机事件影响的学生甚至教师，由学校心理咨询中心实施集体的哀伤辅导，为其中受影响严重者提供单独的心理辅导。

如何帮助悲伤者走出哀伤？

沃登认为，要协助悲伤者走出哀伤，需要做到以下几点。

一、悲伤者必须接纳失落的事实，即死亡已经事实上发生

若否认死亡或死亡的意义，常会导致延长的、不健康的哀恸甚至病理学的哀恸。

二、悲伤者必须接纳哀恸是痛苦的

喝酒，服用药物，想办法避开愤怒、悔恨和悲哀的感觉，过度工作或沉迷性行为等，都是哀恸者用以逃避哀恸痛苦的不健康的策略。

三、悲伤者需要适应已无死者存在的环境

哀恸者应该面对现实，接纳新的角色改变，并承担以前死者所负的任务。

四、悲伤者需要把过去投入在死者身上的情感转移到其他关系上

这并非对死者的背叛，而是对人生更有意义的追悼。

（3）注意保护目击者或被调查人

危机事件发生后，在警方或学校有关部门向与死者关系密切的学生调查情况时，要尽量避免多次找学生谈话，以免给这些学生造成心理创伤。学校要采取措施保护知情学生，避免家属因情绪激动私自找学生取证，从而给知情学生造成莫大的心理压力。在很多案例中，情绪激动的家长都会找学生交谈，并在学生不知情的情况下录音，然后以此为证与学校交涉。这会使学生陷入家长和学校的矛盾冲突之中。

第五章
大学生抑郁症的识别与干预

2009年，北京心理危机研究与干预中心执行主任费立鹏结合全国六个地区的流行病学调查数据，在国际医学杂志《柳叶刀》上发表了一篇文章，称中国抑郁症终身患病率为6%，远高于精神分裂症的1%。

近些年，抑郁症的发病率一直在提高，在大学生群体中也是如此。抑郁症作为一种大学生易患的重症心理疾病，已经成为诸多严重心理危机背后的阴影。高校辅导员群体有必要对这一精神疾病有所了解，并充分警惕。本章会介绍抑郁症及其发病机制等，帮助辅导员群体较为全面地理解和掌握相关知识。

第一节　抑郁症及其诊断

一、抑郁与抑郁症

每个人都曾经历过抑郁。我们品尝过生活中各种美好的滋味，如喜悦、兴奋、快乐、幸福，同样地，我们也会经历忧伤、痛苦和失望。也许你并不想回忆，但一定会记得曾经无助、失望、伤心但又无力改变现状，想要摆脱却无处可逃，想要改变自己却又无从下手的痛苦。我们闷闷不乐，却又无从诉说，孤单地舔着自己的伤口，静静等待生活的转机和活力的复原。那时，我们正在经历抑郁。

就像我们会经历身体上的感冒一样，我们也会经历心理上的感冒——我们这种心理上的感冒即抑郁，或抑郁状态。

身体上的感冒好好休息几天就会疗愈，心理上的感冒也会在休息之后获得疗愈。人们经历一些抑郁，情绪有些低落，无精打采，有气无力，这些都不是问题。所以，抑郁只是一种低落的情绪，抑郁本身并不是问题。

真正的问题是，对于已经产生的抑郁，这个心理上的感冒，我们要如何处理。

如何处理这个感冒呢？如果停止工作，好好休息几天，调养一下，感冒就会很快恢复，但如果在此期间没有好好休息，甚至还要继续加班加点地努力工作，就会衍生出新的问题。第一个可能的问题就是感冒会好得慢，会拖得很长，会更难以恢复，甚至发展成为重感冒。如果重感冒时也没有好好休息和治疗，感冒就可能会从鼻腔蔓延到肺部，形成肺炎。

如果没有好好照顾身体，一个小小的感冒可以从鼻塞、流鼻涕、打喷嚏，一步一步转为伴随头疼、发烧、卧床不起的重感冒，又一步一步发展成出现呼吸困难、咳嗽、胸痛、高烧、神志不清等全身性症状的肺炎。

同样地，如果我们没有好好关爱我们的心理健康和情绪状态，给自己一定的时间去处理和调整自己的心情，那么一个暂时性的抑郁就可能从失望、沮丧、愤怒、伤心或者自卑，一步一步发展为持续性的心境低落，甚至进一步影响身体、情绪、思维和行为，出现持续性的空虚感和疲倦感、不断蔓延的焦虑或紧张、注意力无法集中、严重的睡眠障碍，甚至因为极度的痛苦出现自杀倾向，这就发展成了抑郁症。

严重的肺炎会导致人卧床不起，甚至因呼吸衰竭或其他并发症而死亡。抑郁症会导致人们失去基本的生活能力，严重的还会因为无法承受心理上极大的痛苦而出现自杀倾向。

如果用连续线形容身体的健康状况，我们就会得到这样一条曲线：

健康→亚健康→生病

如果用类似的曲线描述抑郁症，那就是：

精神健康→不快乐（情绪低落、抑郁、自卑、痛苦）→抑郁症抑郁是一种心情低落的不快乐的情绪状态，虽然这种心境让人觉得不快乐，但也很容易因为外界的一些变化而改变。抑郁基本上属于自然的情绪状态。但是，如果导致这种不快乐的因素一直存在，发展下去就会出现持续的抑郁、持续的不快乐，最后，就有可能发展成为抑郁症。

而抑郁症是一种持续的低落状态，伴随身体上、情绪上、认知上和行为上的明显改变，会出现认知失调、行动退缩、思维障碍及行动障碍等，还表现为无兴趣、无价值、无希望、无意义、无精力、无办法，而且这种低落的状态具有持续性和反复性，很难通过外界的变化而改变。

严重的抑郁症患者不想说话，不想进食，生活无法自理，呈木僵状态，并有自杀倾向。

二、抑郁症的定义和诊断标准

1. 抑郁症的定义

如果给抑郁症下一个广义的定义，我们可以把它当作一种持续的心情低落、沮丧、无力，伴随兴趣降低的心理状态，同时，还伴有失眠、食欲下降、注意力不能集中、绝望感及无价值感等躯体和心理症状。当一个人出现上述这些症状中的几个，持续两周以上，并且这些症状影响其日常学习、生活能力的时候，我们就可以做出抑郁症的诊断。

如果还想更细致地定义抑郁症，我们就会发现抑郁症是一种综合征，由一系列的症状组成，并依据症状表现、特点和起因等有详细的分类和定义，如重度抑郁、心境恶劣障碍、非特异性抑郁、躁郁症中的抑郁发作等。

本章主要以与大学生心理危机关系最为密切的重度抑郁症作为重点内容来进行阐述。

2. 抑郁症的诊断标准

抑郁症同时影响着人的心理和生理，所以既有心理上的表现，也有生理上的表现，甚至有时也包含着一些大脑的功能上和器质上可以观察到的改变。

依据世界卫生组织（WHO）制定的国际疾病分类（international Classification of diseases，ICD）第10版，抑郁症的诊断标准有三大核心症状（抑郁“三联征”）和七条附加症状。重度抑郁症包含至少三条核心症状和至少四条附加症状。

（1）抑郁症的核心“三联征”

第一，情绪低落。主要表现为感觉心情压抑，生活没意思，提不起精神，高兴不起来，特别是兴趣与愉快感丧失，常常哭泣，郁郁寡欢，痛苦难熬，度日如年，无法自拔。

第二，兴趣减退。绝大多数患者会出现兴趣减退（decreased interest）和愉快感缺乏（lack of pleasure），患者常常无法从日常生活及活动中获得乐趣，即使对以前非常感兴趣的活动也难以提起兴趣。因此，患者常常放弃原来喜欢的一些活动（如体育活动、业余收藏、社会交往等），对正常工作、生活享受和天伦之乐等一概提不起兴趣，体会不到快乐。

第三，活力减退。主要表现为精力减退，不爱活动，日常生活甚至包括吃饭都需别人催促，否则根本就不想动。初期患者有力不从心的感觉，到了后来，虽然想挣扎着做些事情，但也总是坚持不下去。

多数抑郁症患者会有不同程度的疲乏感，走路缓慢，感觉工作困难，常常不能完成任务，而且不能通过休息或睡眠有效地恢复精力。此时由于疲惫和无力，患者说话非常缓慢。由于回答问题需很长时间，且常以简单的言语作答，与周围人（包括家人）有疏远感，故与之交谈也很困难。

（2）附加症状

第一，思维迟缓，注意力难以集中。主要表现为专注力下降，记忆力减退，思考问题变得困难，对一些简单问题的思考也需要较长时间才能完成。患者开始觉得自己的脑子不好使，忽然变笨了，决断能力明显降低，变得优柔寡断，甚至对一些日常小事也难以做出决定。

第二，自我价值感和自信心降低。无论之前多么能干，患者此时也开始怀疑自己，常常感到自己能力低下，不如别人，什么事也干不好或干不了，前途暗淡。

第三，无理由的自责或过分的罪恶感。觉得自己没用，对自己非常的失望，经常陷入自责和自我否定，部分患者有深深的内疚甚至罪恶感。

第四，对未来的预期消极悲观。觉得自己毫无希望，所有人对自己的病情都爱莫能助，一切已无法挽回。

第五，出现自杀念头或行动。感到人生没有意义，生活没有意思，生不如死，经常地、反复地出现自杀念头、自杀企图或自杀行动。

第六，睡眠障碍。表现为不同种形式的睡眠障碍，入睡困难，睡眠不深，易醒，典型表现为早醒。入睡困难的患者常常伴有烦躁、焦虑症状。同样，临床上也可见到少数患者出现睡眠过多的症状。

第七，食欲改变。多数抑郁患者表现出食欲减退，进食很少。由于进食量少，并且消化功能差，患者常常体重减轻。也有少数患者为转移注意力和缓解内心的痛苦，表现出食欲增加，出现暴饮暴食。

辅导员可以依据这些表现对大学生是否患有抑郁症做出基本的判断，但因为对这些表现的评估依赖于患者的个人描述和判断者的个人经验，因此这种诊断具有一定的主观性。但只要初步怀疑该学生患有抑郁症，辅导员就可以直接将其转介给心理咨询中心的咨询师和相关的精神科医生，让他们做出进一步的专业评估。

第二节　抑郁症的发病机制及其治疗方法

一、抑郁症的发病机制

一般来说，关注抑郁症及其治疗的专业人士有两种：精神科医生和心理咨询师。

他们分别受过精神医学和心理咨询、心理治疗的训练，会通过自己擅长的角度和方法看待和处理抑郁症。目前，人们对于抑郁症的发病机制有很多的争论，其中不乏相互矛盾之处，还没有形成统一的结论。

不过，人们对抑郁症的发病机制已经达成的共识是：压力状态会造成神经化学物质的不平衡，而这种不平衡会发展为一种疾病。

所以，治疗的关键是如何恢复这个平衡。

二、抑郁症的治疗方法

1. 抑郁症治疗的三种思路

第一种思路：药物治疗。

精神科医生更关注抑郁症，倾向于使用药物和一些治疗技术直接干预大脑内神经化学物质，使它们达到新的平衡。当抑郁的这些症状基本消失时，我们就可以宣布抑郁症获得“临床治愈”。

这种治疗方法可以被认为是一种针对症状的治疗。这样的做法直接针对问题，希望通过药物的干预快速恢复神经化学物质的平衡，对一些患者非常有效。但导致失衡的真正原因没有被探索和纠正，所以并不是对所有的人都有效，同时由于药物的介入会有一些强烈的副作用，也使一些患者不能接受。

第二种思路：心理咨询。

一个优秀的心理咨询师则会关注患抑郁症的这个人而不是这个人的症状，倾向于使用心理咨询和心理治疗使患者对自己有更多的了解，协助他们发现导致自己进入压力状态，形成抑郁症的潜在的真正原因，并透过心理咨询和治疗使他们离开持续的、不快乐的压力状态，重获内心的平衡与和谐，从而治愈抑郁症。

所以，这是一种针对失衡的心理原因进行诊断和干预的治疗，着眼点不在于消除症状，而是关注这个人，找到他的心结，打开心结之后，压力、抑郁和其他症状会自然消失。但由于咨询关系的建立和咨询产生效果也需要一点时间，同时对咨询师的要求也比较高，因此有时也需要药物的介入，特别是一些已经出现交流困难的重度抑郁的患者，是需要借助药物暂时缓解症状的。

但心理咨询师认为精神医学上的“临床治愈”距离心理咨询以内心和谐为目标的“心理健康”有着很远的距离。最终疗愈抑郁症的一定是患者的自我觉悟或心理上的改变，药物只是暂时的依靠。

第三种思路：中医治疗和其他自然疗法。

在现代医学里面常说的抑郁症，在一些中医来看，很多情况下其实是因为整个身体的能量不够了。能量低到一定水平，人的精神、意识和心智的运作能力下降，表达能力和接纳能力都会出现一些问题。他在意识、思维和社会交往上，相对来说就会封闭一点，可能只能吸收某一类他愿意吸收的东西，其他的都拒绝，甚至对以前能消化吸收的东西也开始拒绝。一旦到了这个状态，人的身心状态就会整体往下走，就出现了抑郁症。

而中医治疗抑郁症的方法是通过中药、按摩、针灸、导引等方法，一方面补充身体的能量，另一方面调理身体气血的运行，也就是保证能量通道的畅通，而最重要的还是让患者的心神安定下来。其实这一点和心理咨询也是有些像的。

2. 常用的治疗方法

目前为止，虽然在治疗中的侧重点有所不同，但总体上，精神科医生和心理咨询师都同意精神科的药物治疗和心理咨询的联合应用是最理想的治疗模式。

一方面，有研究显示，在精神科的药物治疗试验中，安慰剂对轻、中度抑郁症是首选的有效治疗手段。一些数据表明，在对最出名的六种抗抑郁药物的试药实验中，半数以上药物的作用并没比安慰剂好多少。这就是说，药物的治疗效果有一部分是来自广告宣传造成的心理暗示，人们相信抗抑郁药有作用，因此它就有了作用。但是，如果我们鼓励患者相信自己，那会怎么样？

另一方面，也有很多研究显示，精神类药物对精神病的改善作用比安慰剂强很多。那么，我们到底应该相信哪些研究？

实际工作中，也确实有许多被精神科诊断为抑郁症的人不愿意吃药，经过几次咨询之后自行恢复。但同时，在抑郁症发展到重度阶段之后，患者思维迟缓，与人交流都成为极困难的事情，在这种情况下咨询起效很慢，也很难，单纯依靠心理咨询很难产生较好的效果。在服用药物并且度过最初服药副作用比较明显，滞后两周左右药效才显现的最困难的时期之后，虽然抑郁症状没有完全消失，但至少患者可以继续做心理咨询了。从有助于咨询这个角度上来说，服用抗抑郁药是有其不可替代的作用的。

最后，通过与一些同时具备心理咨询技能和精神科治疗经验的精神科医生交流，通过询问他们心理咨询联合精神科药物使用的多年经验，结合我们自己十余年来处理重度抑郁来访者的经验，我们得出以下结论。

总体上来看，出现轻、中度抑郁症，如果心理咨询可以起到明显的效果，那么在这一阶段建议使用心理咨询。因为对这类人群来说，去面对生活中出现的问题和危机，解决导致抑郁出现的根源性问题，更为关键和有效。

如果只是用吃药的方法处理轻、中度抑郁，确实会让人回避自己的内心需要完成的成长，潜意识中需要面对和处理的未完事件，这可能就是一些抑郁症反复发病的原因，因为导致抑郁的真正原因并未解除，同时还要承受服用抗抑郁药所带来的副作用。

有人是这样描述服用抗抑郁药物的感受的：“那种（生病的）感觉，就像被压在一个四面墙都坍塌了的房子下面。你需要变好，但却被压得无法动弹。而服药，就像是暂时借用外力帮你支撑起四面墙壁，为你腾出用来康复的时间和空间。有一天我也许可以修补好那个房间，并且不再需要药物的辅助，但在那之前，药物的确能让我缓和一点儿。”

因此，综合十余年的大学生心理咨询经验，我们对大学生抑郁症治疗方法的建议是：对于轻、中度、甚至重度抑郁症患者，都可以尝试以心理咨询和治疗为主，药物治疗为辅助手段的干预方案；但对于重度抑郁同时已经出现自杀倾向的患者，有必要考虑首先使用精神科药物治疗减轻抑郁症状，或者必要时住院治疗，目的是在保证患者生命安全的情况下继续进行心理咨询。

3. 心理咨询和精神科药物在中度、重度抑郁症治疗中的联合应用

对于中度和重度抑郁症的患者，最有效的治疗方法就是心理咨询和精神科药物的联合应用。药物可以直接减轻抑郁的症状，有效的心理咨询可以协助当事人改善情绪，学会面对导致抑郁的事情，学会疏解自己的压力，从而走出抑郁。

有时通过药物治疗缓解症状后，当事人自己有所领悟，或是得到有效的支持，会学会如何面对压力事件或者学会如何舒缓自己的情绪，因此不再采用自我压抑的策略，从而逐渐走出抑郁。

同样地，也有很多人在轻度、中度抑郁症的时候没有服药，但因为学会了如何面对压力事件，如何舒缓自己的情绪，消除了自我压抑导致的负面影响，不再用自我压抑的方法来面对问题，就可以直接通过心理咨询走出抑郁。

对于重度抑郁症的患者，服用抗抑郁剂或采取其他有效方式，缓解抑郁症状就非常有必要。虽然，这一类药物都有副作用，但比起重度抑郁对人的身体和心理造成的伤害来说，药物的副作用并不算什么。因此，对于中度，特别是重度的抑郁症，最理想的就是两种方法联合应用，用药物控制症状，用心理咨询消除病因。十余年来我们采用这个思路对患有抑郁症的大学生进行心理咨询，取得了较好的效果。

4. 重度抑郁症伴随自杀倾向时的治疗方法

（1）重度抑郁症伴随自杀倾向时，必须优先考虑精神科药物治疗

抑郁症持续时间较长，患者会因为过度痛苦而产生自杀倾向。自杀不是因为患者真的想要去死，而是因为无法忍受抑郁带来的痛苦，才想通过自杀来解决生不如死的痛苦。

药物治疗能减轻抑郁的症状，患者的自杀意念会因此减轻甚至消失，但此时的改变并不稳定，而且是依赖药物的。只有通过心理咨询找到导致抑郁的心理因素，并最终完成疗愈，患者才能获得真正的内心的和谐与平静，这时抑郁症才算真的治

好了。所以，自杀倾向是可以被改变的，抑郁症也是可以被治愈的。

服用药物减轻抑郁的症状会有助于抑郁症的治疗和自杀倾向的缓解。所以在出现重度抑郁的时候，通过服用药物快速有效地缓解抑郁症状，减轻抑郁带来的痛苦就显得尤为必要，否则患者就有可能因为无法承受的抑郁的痛苦出现自杀倾向。

（2）在重度抑郁症的治疗中，心理咨询也是必要的

患者既可以通过心理咨询舒缓情绪，减少痛苦，通过积极体验消除和缓解自杀意念，也可以通过咨询学会面对一些压力事件和困难，或是解决这些困难和问题，或是改变视角看到更多的可能性，或是通过自身的成长不再被问题和事件困扰，从而最终消除抑郁状态。

心理咨询最主要的作用还是通过咨询找到导致抑郁症产生的心理问题，并对这个心理问题完成疗愈。只有在这样的咨询之后，患者才能获得真正的内心的和谐与平静。

（3）服用抗抑郁药的注意事项

一般来说，药物发挥作用是比较快的，可是抗抑郁药是个例外。抗抑郁药通过干扰神经细胞间的物质交换，以达到减轻患者症状的目的。这既需要足够的药量，也需要足够的时间。所以，一种抗抑郁药起效，至少需要四到六周的时间，有的甚至需要六到八周。

在药物还未产生效果的这几周内，服药的患者通常会出现恶心、疲倦等反应，经常会觉得困，想要睡觉。这些状态过几天就会消失，所以千万要说服患者挺过这几天，一定要坚持按时服药。

如果患者不了解这些情况，服药三五天后，发现没有效果，或是坚持一段时间之后，发现正面效果没有出现，副作用却很明显，就会既担心又害怕，看不到前景，可能会对治疗和医生失去信心，中途自行停药。这不仅非常可惜，也是非常危险的。

因此，无论是服用哪种抗抑郁药，都必须用足剂量，用够时间，坚持下去，一直到药物起效。即便最终药物仍然看似没有起效，这也会也给医生诊断病情提供足够的

信息，再次调整用药时就十拿九稳了。

第三节　高校抑郁症大学生的案例

一、通过心理咨询帮助抑郁大学生

心理咨询有用吗？心理咨询是怎样进行的？为什么心理咨询会有助于抑郁症的康复？

下面这篇文章是一位前来咨询的大学生在咨询结束之后写的咨询手记。她做咨询的时候，已经有一个月以上的心情低落，学习动力下降，伴随着睡眠障碍和注意力难以集中。医院诊断她为抑郁状态，并建议她进行心理咨询。

打败内心的小怪兽
——记我的咨询经历[①]

刚刚开学，我心里却有一种难以言说的混乱和躁动。任务不多，屈指可数，但是我总感觉躯体沉重，筋疲力尽。我的心好像难逃怪兽的魔掌，被抓挠折磨。于是我走进了北京师范大学的心理咨询室，心里有着小小的期待，但又不知如何向老师述说心里的那份不安，也不知道老师是否能帮助我逃脱这个魔爪。

走进咨询室，我向王老师说了这几天来我努力理出头绪的心理状态和高考曾经给我的重大打击，同时也说出了自己发现的一个规律：每到春季开学这一个月的时间，我总是会陷入不安与焦躁中，即使没有任何压力和难以完

① 文章作者为“沉静如水”。

成的任务。我会觉得生活单调枯燥，没有一件事情能让我心平气和、笃定安静，我的心理和生活都处在乱糟糟、毫无头绪的不安中，但是我无力逃脱，越陷越深。

其实之前我也跟少数朋友聊过，跟家人说过，但都被认为是“你连自己都控制不了自己啊”“太不成熟”，或是被告知“你想太多了，少想多做”。我也觉得我要努力控制自己，努力变成熟，努力少想，可是我的心在无声地挣扎，尽管很努力但是我真的做不到。这样的努力和努力了却做不到的无助反而让我陷入更大的不安和失望中：我连自己都无法掌握，我完全就是一个失败者。我的内心越来越纠结和难过，对自己非常失望和无奈。

王老师一直在旁边静静地听着，时而问我几个问题，时而朝我微笑。听完我对自己心理状态和经历的叙述后，他缓缓地对我说：“就像你高考之前的病痛在你心里留下的痕迹那样，你经历中的某些事情也会在你毫不觉察的情况下在你的心里留下痕迹。这些不同时间留下的痕迹相继印刻在你的心上，你都不知道它们其实会给你带来潜移默化的影响。如果这些‘伤痕’没有得到疗愈，就很容易在春天这个阳气生发的季节显现出来，所以每到这个季节你都会感到心灵的躁动不安、痛苦难过。但是因为你不知道这些痕迹是什么，它们怎样影响你，所以你对它们无能为力，可这并不是你的失败。”接着，王老师告诉我：“你需要做的第一步就是了解自己，觉察自己，找到这些还在带给你伤痛的痕迹，然后去疗愈它们。”王老师说了一个让我异常兴奋的事情：春天这样一个伤痕会生发的时候，也是疗愈的最佳时机。只要这些过往的痕迹得到了疗愈，你就再也不会遭受它们的折磨。

也许只有经受过这些心灵伤痕折磨的人才能感受到我当时的心情变化。王老师的一番话让我一下子释然了，我不再怪自己无法自控，不再怪自己是一个不能掌控情绪的失败者，因为我明白是心灵的伤痕辖制了我。我顿时充满希望：我期待这心灵伤口的愈合，我也相信它们可以愈合。最近一两个星期以来那种不安、沉重、疲乏的心情一下子被一股暖流冲掉了一大半。我明白了我的“病灶”在哪里，心灵和身体突然变得轻松了，这真是一种奇妙的感觉。

这一次咨询结束后正好是上午11点，我很清楚地记得我走出咨询室后那种卸下沉重包裹似的轻松感，记得我不经意的微笑中所带的那一股温暖的感觉。我坐在一个洒满阳光的长椅上尽情地享受午日阳光的温暖。我感觉刚才在咨询室里感到的那股暖流向我的全身扩散开来，如释重负。我惊异于这次咨询的神奇力量，也对能够认识王老师深感幸运。

在之后的几次咨询中，王老师就像一个大侦探，在我繁杂的叙述中理出线索，找到问题的症结。每一次咨询都是探索和了解自我的旅程。王老师还推荐了几本好书给我，这些书就像一面镜子，让我更清晰地看到了我自己。

在我渐渐开始了解自己之后，我又发现了生活中的另一个难题：不知从什么时候开始，我已经习惯于因为某件事的失败（有时甚至是很小的一件事）而沮丧难过。清醒的时候我会觉得自己很可笑：做一件事不是成功就是失败，我们都不是圣人，不可能次次都成功，所以某件事失败是再正常不过的了。可是我还是在每次遇到失败时就控制不住地失落。所以，我问王老师该怎么办。令我出乎意料的是，他从一个全新的角度帮我解决了这个问题。他说："要把人和他所拥有的东西分开。一个人可以拥有很多，好的成绩、能力、财富、成功等，可是不管他拥有多少，人，这个鲜活的生命还在那儿。人这个鲜活的生命像花儿一样美丽，像小猫一样灵动……别人也许会根据你所拥有的多少（财富的多少、事业上成功与否）来评价你这个人的成败，可是你不能以这个不正确的标准来评价自己的生命。"这次咨询让我明白：只要我的生命活得丰富多彩，有价值，我的生活就有希望，就不怕失败。同时，这也让我学会了在评价人和事物时不要以一条标准定终身，而要采用多元的标准。例如，不是因为成绩好的、有能力的人都往北京挤就能说明北京是个好地方，或者反过来说明你没能在北京定居就是因为你不够优秀，不够成功。每个人都是不同的个体，要真正了解和觉察自己，同时也不要以单一的、所谓的"绝对标准"去评价任何人和事物。

今天，我愿意与大家分享我心理咨询的故事，是希望大家在遇到难以控制心情或情绪的情况时要勇敢地寻求学校心理咨询中心的帮助。这也是应王老师的提议——他希望自己以及心理咨询中心能帮助更多的同学。所以，我想说，这里有像王老师这样非常有耐心而且愿意帮助我们的老师，他们愿意为我们的情绪垃圾找到发泄的通道，让我们在心灵上得到成长。我觉得自己非常幸运能走进学校的咨询室，能够遇到给予我莫大帮助的心灵导师王老师，是他的热心帮助和丰富的专业知识带给我受用终身的心灵成长。我给自己起了“沉静如水”这样一个名字，也是因为他这段时间的帮助让我在成长的不安与躁动中终于拥有了能够沉静如水的心境。非常感谢王老师的帮助和治愈，也感谢心理咨询中心，是你们给了我在书本中无法学到的、家人和朋友也无法深入的直达内心的慰藉，是你们教会我如何打败内心中的“小怪兽”。

最后，我以心理咨询中心墙上的一句话作为结束：“主动求助是强者的行为。”

二、通过精神医学治疗抑郁症

下面这篇文章是来自网络的一篇一位国外大学生使用药物治疗治疗抑郁症的自我记录，可以让大家了解药物治疗抑郁症的一些情况。

第一次服用抗抑郁药是一种怎样的体验？①

前几天给学生上心理课的时候，我们聊到了精神科药物。学生对药物既好奇又恐惧，他们问我：“精神科药物是不是很可怕？”

我想了想说：“你们看得出我是个正在服药的抑郁症和焦虑症患者吗？”

学生摇头。

① 文章作者为“夏老湿”，哥伦比亚大学硕士，现在从事教育工作，讲授入门心理学课程。

我找出刚开始吃一个月的抗抑郁药跟他们说："你们看这种药，我现在每天吃一粒这个药片，吃完后思维清晰，头脑清醒。我很幸运，没有嗜睡、头昏、记忆力减退，也没有出现发胖、恶心或别的副作用。此时此刻，我的心理状态和'健康人'没有什么区别。"

学生们难掩惊讶之情。其实，一直以来我就有一些轻微的抑郁和焦虑的症状，也曾矫情兮兮地在心情不好的时候和朋友说"哎呀我又抑郁了"。但是当抑郁和焦虑真正以疾病的姿态袭来的时候，我才意识到过去自己想当然的所谓"抑郁症"是多么的可笑。

去年4月份，我因为一门课程的期中考试得了B而开始疯狂焦虑，每天早晨醒来的时候都觉得因为这个B，我的后半生都毁了。我的期中得了B，期末就得不到A，教授就不会给写推荐信，就申请不上学校，就没办法和男友在一起。这样的后果让我无比惊恐。

恐惧和焦虑变得越来越强烈，使我焦虑的也已不再是考试成绩这一件事情。我发现我周围的一切都使我焦虑，甚至焦虑本身都让我感到焦虑。

除了焦虑不安，我还对周围的一切都失去了兴趣，失去了生活的活力和愿望。我不再愿意学习，不再愿意看美剧，不再愿意出门，也不再愿意吃东西。我吃什么吐什么，持续地腹痛腹泻，体重几乎是一天一斤地掉。而这种活力的丧失，更加让我感到焦虑。我害怕自己这辈子就这样了。我曾经是一个对生活充满热爱的人，可是现在我用尽所有的力气也无法再次高兴起来。

"不能高兴起来"这件事本身，又再次让我感到焦虑。整个人陷入了恶性循环。

我知道自己出了问题，我恐惧，我从未如此迫切地希望得到帮助。我第一时间去学校的心理咨询室预约，前台的人确认了我暂时不会自杀后，把我预约到了两周以后。那时候我真的绝望极了。

我每天很早就醒来，无法再次入睡，但也不愿意起床，就这样赖在床上，大脑飞速运转着。我不断地试图把那些让我恐惧的问题想清楚，不断地试图寻找可以抚慰自己内心的方法。这样高速的思维让我的大脑像一台超负荷运转的电脑，当到达某个临界值之后一瞬间黑屏，然后速度慢慢降下来。此时，我才能感到疲倦和一点点的轻松。

我推掉了所有的课，什么事情都做不了。到了傍晚，我感觉脑子彻底慢了下来，也松快了一点，我可以趁着这个时候吃点东西。然后我早早就去睡了，虽然一整天下来什么都没做，但是我的大脑感到了某种无以复加的疲惫。

这样过了一个星期之后，我再也无法忍受下去。我买了张去波士顿的车票，向男朋友寻求帮助。我到现在都记得他在哈佛广场（Harvard Square）等我时的样子。我的状态差极了，他有些担心，又有些不知所措。我们在潘娜拉面包店吃了点东西。我记得自己点的是凯撒沙拉，我一边吃一边想要干呕，又不愿意他看见，憋得很辛苦。

我以为见到男友会让我感觉好一些，可是并没有。我发现自己不仅对生活失去了兴趣，而且也感受不到对他的爱了。我曾经像是爱自己的生命一般地爱他，只是看着他在电脑前工作的背影都能够让我的内心温暖充盈。但是那个时候，我发现自己面对他的时候什么感觉也没有了。那些柔软的悸动全都消失不见了。

没错，发现自己不爱他了并没有让我感到轻松，我更加焦虑了。

在波士顿的一个夜里，我失眠了。躺在男友的旁边，我第一次认真地想到了自杀。

我被自己吓坏了。

好在这样的想法也只是转瞬即逝。虽然当时我想到了要向医生寻求帮助，但之后我请了一个星期的假去了一趟圣地亚哥，在朋友、家人、阳光、海滩的陪伴下，我渐渐恢复了过来。还没等到看医生的时候，我似乎就已经痊愈了。

自愈之后，我以为自己就此战胜了焦虑症和抑郁症，所以当半年之后再次发作时，我根本没想到自己是抑郁复发。当我像半年前一样开始吃不下东西，一斤一斤地掉体重，开始丧失生活的兴趣与活力，每天除了发呆就是哭泣的时候，我还侥幸地以为自己再过几天就又会恢复正常。

最终，我是被家人拖到医院的。我披头散发地在医生的办公室里歇斯底里，嚎啕大哭，门外好多人透过门上的玻璃偷偷地看我。医生给开了三种药，可我，包括我的家人，还是有些顾虑。因为其中一种，就是我之前说的抗抑郁药，一旦开始吃，至少就要吃半年。

那一次其实我还是没有战胜心理的障碍，仍然拒绝吃抗抑郁药。我吃了一段时间的安定和谷维素，以为自己仍然可以自愈。

直到我不得不承认，抑郁和焦虑已经变成一种慢性的、长期的、隐蔽的状态。我虽然不再歇斯底里，不再一个人痛哭，也可以偶尔做做自己感兴趣的事情，但是其实我一直没有找回生活的动力。那几个月里，我看似一直在忙碌，却一事无成。我无法集中注意力，不断地为了一些莫名的事情感到惶恐和焦躁。

终于，我知道自己必须开始吃药了。我再次去了医院，医生给开了一个月的药，让我一个月之后复查。而一个月后的我，就是文章一开头的那个我。

复查那天，除了“谢谢医生”之外，我觉得什么都没必要再说。

而那些曾经显得那样巨大而无法逾越的痛苦和焦虑，竟然没有让我花什么力气，就这样消失了。它们走得悄无声息，我甚至都没有注意到它们消失了。我就这样自然而然地过上了正常的生活，一如往常地爱着我的家人和男友，该工作的时候工作，该玩的时候玩，好像抑郁症根本没有发生在我身上一样。那个曾经如此痛苦而纠结的我，仿佛是一个陌生人。

我惊异于药物神奇的作用，也感到庆幸。如果我当初没有选择相信医生，而是继续这么耗下去，不知道自己现在会是什么样子。

有人问我，如果需要终身服药，那你怎么办。我想都没想就说，那就吃一辈子吧。好好活着，才是最重要的。

三、辅导员如何识别患有抑郁症的大学生

1. 辅导员学会初步识别抑郁症的重要性

这里需要注意的是，辅导员作为非心理学和精神科专业工作人员，不能对他人是否患有抑郁症做出诊断。但辅导员可以依据这些诊断标准观察学生、关心学生，一旦发现学生中有类似可疑抑郁症患者就可以建议对方去心理咨询中心做评估或直接去医院做排查。因为对早期发现的抑郁症的治疗，效果是比较好的。

2. 协助辅导员识别抑郁症的诊断标准

根据精神科医生和心理咨询师对抑郁症的不同理解，对于识别抑郁症，有两种思路可供辅导员参考。第一种是精神科医生的诊断思路，就是根据前文已详细说明的抑郁症诊断中的三大核心症状（抑郁“三联征”）和七条附加症状进行判断。

另外一种思路是辅导员使用日常生活经验来对学生是否出现抑郁症做出初步判断，主要是关注学生以下几个方面。

饮食：学生连续几个星期没有任何原因地没有食欲，吃饭不香，甚至吃饭前没有饥饿感，用他们的话来说，就是“感觉不到饿，只是觉得到了时间，该去吃饭了，才去吃饭”。

睡眠：入睡困难，要花半小时甚至更长时间才能入睡，做梦比较多，有时甚至会惊醒。睡醒之后，也没有觉得精力充沛，甚至感觉还没睡够，但继续睡又睡不着。

注意力：注意力难以集中，出现学习困难，尤其在看书的时候，即便很想看，但一页书连续看了半个小时依然看不懂、记不住。比起之前的学习状态，有明显的差距。

说话：不喜欢说话，即便面对以前非常喜欢同其讲话、聊天的同学，也开始不想说话，用中医的语言描述是“少气懒言”，因为觉得很累所以就懒得讲话。

这些标准来自多年来对出现严重抑郁的学生的观察和一些出现抑郁症状的学生的自我描述，不一定专业和准确，但可以协助辅导员做出初步的判断。如果辅导员发现学生有上述这些表现，就有必要怀疑学生是否已经出现抑郁。辅导员可以建议学生去咨询中心进行初步评估，如果有必要可以再请专业人士或精神医生进一步进行专业的诊断。

3. 辅导员如何使用这些标准做出初步的评估

辅导员可以依据这些诊断标准，通过关注学生的行为表现以及与学生的个别谈话，对学生是否已经患有抑郁症做出属于自己的非专业的初步评估。一旦发觉有学生可疑，就可以从关心学生的角度建议他去心理咨询中心做评估。一般做一个这样评估20分钟左右即可完成。

这样的评估需要辅导员对学生的生活状况比较了解，或该学生对辅导员非常信任，可以在沟通中真实地表达自己。如果不能满足这样的条件，那就需要辅导员足够有经验，可以通过与学生的一般的谈话，不知不觉地获得足够的信息，或者辅导员可以通过其他学生获得该同学的相关信息，这些途径都有助于辅导员做出初步评估。

四、辅导员如何协助患有抑郁症的大学生

上面的两个案例中，我们已经可以清楚地了解到无论是心理咨询还是精神科的药物治疗，它们都是非常专业的，需要有相关的训练和专业资质。所以，辅导员不需要从事这两项工作，但辅导员的辅助工作也是非常重要的。

抑郁症只要在早期及时发现和及时治疗，大部分都可以顺利治愈。但有时，部分患者会拒绝治疗。通常，患有抑郁的学生不接受必要治疗主要是因为以下原因。

第一，不知道自己的情绪问题是一种可以治疗的疾病导致的。

第二，因为患有心理问题而有耻辱感，不愿寻求治疗。

第三，担心因心理问题求助的事不能在学校保密而导致各种后果。

第四，普通医务人员不能识别有抑郁的病人，也常常不愿提供心理方面的服务。

第五，治疗费用太高。

因此，在协助患抑郁症的大学生的时候，辅导员需要注意做好以下几项工作。

1. 正确认识他们得了抑郁症这件事

德国国家队门将罗伯特·恩克因抑郁症自杀后，他的遗孀特蕾莎·恩克说：“我们以为，只要有爱，什么都能解决，但并不是这样的。”

对于中度、重度抑郁症患者来说，他们确实是生病了，不是通过简单的教育或关怀就可以恢复健康。他们需要药物治疗和专业的心理咨询的协助。

所以，鼓励他们面对抑郁症，去医院就诊，去寻求心理咨询的帮助，创造有利于他们恢复的环境和氛围，才能真正地帮助他们。

2. 坚定地支持他们进行治疗

患忧郁症的人，非常消极和疲劳，不想做任何事。是不是要去咨询中心做咨询，怎样预约，联系哪位老师，预约哪位咨询师，选择去哪家医院，看哪个医生，思考这些事情足以让他们筋疲力尽。所以，最好辅导员可以帮他们联系好咨询师和医生，或者找可以协助他们处理这些事情的同学陪他们一起去。

有时他们会不想去医院。辅导员一定要坚定，并让他们意识到正是因为关心他才敦促他去看医生。辅导员可以鼓励他，甚至陪伴他一起去医院。有时候辅导员需要协助他或替他做决定，因为那时他可能已经不能为自己负责任了。

3. 利用学校的资源，为患有抑郁症的学生建立一个专业的治疗和支持系统

辅导员在协助患有抑郁症的大学生的过程中，最主要的工作就是协助陷入抑郁症的学生建立一个由心理咨询师和精神科医生共同组建的专业治疗系统和支持系统，在初期甚至可能需要辅导员亲自带领学生去见学校的心理咨询师和本地的精神科医生，开始专业的心理干预和药物治疗。一旦学生开始了规范的咨询和治疗，就要由专业人员定期对学生进行干预、治疗和评估，此时辅导员需要与咨询师、精神科医生、学生、学生身边的人，甚至学生的家长保持通畅的联系，定期沟通，掌握学生的咨询和治疗情况。

定期核查学生是否在按时咨询，是否在规范地进行治疗。一旦发现学生的咨询或治疗脱节，就要迅速查明原因，说服教育或是寻找新的咨询或治疗资源，直至学生康复或是因为进一步严重，需要通知家长进行严密监护、住院治疗或回家治疗。

4. 为学生的学习、生活提供一定的便利条件

辅导员需要正确理解学生处于患病状态，在治疗期间，需要协调心理咨询中

心、教务处、学生处、研究生处、校医院等，在心理咨询、医疗、学籍管理、考勤、考试等方面对其做适当的照顾，减少学生在这些方面的压力。有时候，休学也是可以考虑的一个选择。

5. 了解抑郁症患者周围的人需要了解的基本知识，并将其提供给相关人员

协助患病学生周围的人，包括宿舍同学、家长、导师、相关班干部或协助该学生的其他学生，正确认识抑郁症，避免歧视的发生。

6. 学会应对他们的自杀念头

如果发现他们有自杀的想法或计划就要第一时间告知相关人员，最好可以与他的心理咨询师见面，评估自杀的风险程度，并与心理咨询师一起制定预防措施，必要时要通知家长。哪怕患者再三嘱咐你不要告诉别人，你也要这样做，就好像在车祸之后，不管患者如何反对也要把他们交给医生和送进医院一样。

如果抑郁症患者和你谈起自杀，你要理解，这是他在消极悲观的情况下，为逃避痛苦而做的决定。这无关乎对待生命的态度或价值观，更谈不上是理智的决定，这些有自杀倾向的人，一旦治好了抑郁症，就再也不想自杀了。最理想的方法是让心理咨询师和他谈，但如果他和你谈起自己想自杀，你也可以直接回应。

首先，不要因为害怕和担心而回避，和患者谈这些会让他暂时轻松一些。

其次，你可以直接告诉患者，你想要他活着，很多人都想要他活着，他是重要的和被需要的，而且死亡不是摆脱痛苦的唯一途径。也许他不会被说服，但讨论这些对他们来说是有帮助的。并且你可以告诉他们，他们这样做会让爱他们的人非常伤心，这也会对他们有帮助。很多想要自杀的人都是因为不忍心抛下父母、妻子、孩子才活下来的，特别是对中国学生来说，这种说法通常非常有效。你还可以询问他们，如果他们的父母知道这件事，他们的心情会怎样。这个问题几乎对想要自杀的人都有用，都会帮助他们暂时减少自杀的冲动。对于有孩子的研究生，你可以告诉他们，这样做会给周围人，特别是给自己的孩子一个消极的示范，这通常也会非常有帮助。

第六章

大学生自杀危机的识别与干预

“自杀”作为高校心理危机的“顶级形态”，是辅导员群体最不想面对，也可能是最难面对的危机局面。本章将尝试从不同角度解读大学生的自杀危机，帮助辅导员群体初步了解自杀背后的机制，掌握基本的自杀干预技能。

研究表明，一个人在计划、决定和实施自杀的过程中，体内总有一部分力量支持他要活下去。因此，绝大多数自杀事件是可以通过教育、防范和加强安全管理、采取有效措施予以避免的。

辅导员提升自杀危机干预能力，可以有效地控制和减少大学生自杀事件的发生，最大限度地挽救学生的生命。对自杀干预的相关研究，不仅有助于提升学生的心理素质，促进青年人的健康发展，同时对提升青年人的心理健康、促进家庭的幸福和社会的稳定都具有重大的意义。

有关自杀的研究很多，经过比较和甄选，我们选择了应用效果较好、语言简洁易懂，同时又具有足够专业性的萨提亚模式，再结合其他一些国内外比较常见、实用的理论和技术为辅导员群体提供帮助。

第一节　了解自杀危机

一、自杀危机的定义

自杀危机属于心理危机的一种，包含自发、有求死愿望、主动行为这三个要素，即自愿并主动结束自己生命的行为。

结合美国心理学家卡普兰对心理危机的定义和萨提亚模式对自杀的研究成果，自杀可以理解为一个人由于各种原因而身心失去平衡，在无力依靠自己的力量在短时间内恢复常态，同时又无法承受身心的痛苦时，绝望之下采取的有意识地、自愿地结束自己生命的行为。

二、自杀的成因及心理过程

1. 自杀的原因

人们选择自杀的常见原因有以下几点。

① 人们选择自杀是因为他们无法接受和处理自己的伤痛。

② 人们选择自杀是为了终止痛苦，包括情感、心理和思想上的痛苦。

③ 狭窄的思维模式让当事人只能得出一种选择。

④ 自杀是解决问题的最后方式。

⑤ 自杀成为答案——似乎是逃离痛苦的唯一答案。

2. 自杀的心理过程

任何事物都有一个发生发展的过程，自杀也不例外，自杀很少是突然发生的，一般都是一个渐进发展的过程，背后是当事人的心理变化历程。

相关研究显示，一个人从出现自杀的想法和观念，直至最后实施，有一个逐渐变化的过程，只不过是朝向放弃生命的方向发展。这个过程伴随着内在心理非常复杂的活动。

从萨提亚模式的视角来看，当事人的心理过程确实有几个不同的阶段。

（1）自杀观念的形成

在这一阶段，当事人开始认为自杀会帮助自己摆脱痛苦。由于身心失衡导致的痛苦，适应生活体验到的挫败，当事人陷入痛苦而无法自拔。当他感觉到强烈的痛苦，同时体验到生命的无意义和无价值后，就会以此次的努力或求助，尝试解决外在的问题。当一次次的尝试或求助都无法得到理想的结果，同时看不到解决问题的希望时，当事人可能会逐渐失去改变的信心和勇气。最后，为了结束现状所导致的痛苦，思考之后，自杀可能成为一个人采取的解除痛苦的方式之一。

此刻，当事人会形成一个在自己看来非常符合逻辑的想法，那就是通过自杀来消除痛苦。通常这是当事人在消极心态下，进行自我对话后逐渐形成的自杀的理念，最后他得出一个结论：自杀可能是目前解决痛苦的方式之一。在当事人没有离开消极心态，形成积极心态之前，他可能会一直保有这个信念，认为自杀是摆脱痛苦的一个方法。

（2）自杀动机的形成

在这一阶段，当事人开始期待和希望自己可以通过自杀摆脱痛苦。此时当事人在内心深处形成了一个期待，希望自己可以实施自杀，希望可以一了百了。在形成自杀是解决痛苦的一种方法的观点之后，随着痛苦的加深和消除痛苦的失败，当事人越来越相信自杀是解决问题的唯一可行的方法，然后开始期望自己可以通过实施自杀来消除痛苦。

此时，自杀已经从一个理念、一个方法，上升为一个可能的选择，进而成为来访者心中一个希望实现的目标，自杀的风险已经升级。

（3）自杀计划的形成

在这一阶段，当事人已经准备实施自杀，并开始做出明确具体的自杀计划。当自杀成为一个目标之后，它就会推动当事人进一步细化和明确自杀的具体计划。具体表现为，用哪种方式，在哪里进行，使用什么工具，等等。一旦头脑里开始计划，当事人就会不断推动头脑完成计划。随着计划的逐渐细化和完善，当事人越来越相信这个目标（期待）是可行的，这也会进一步巩固和强化自杀的动机。

（4）自杀计划的实施

在这一阶段，在一些因素的诱发下，当事人决定实施自杀计划。需要注意的是，在大学生群体里，大多数情况下，前三个阶段会反反复复经历很长时间，是一个逐渐推进的过程，当事人会反复地思考、权衡，非常纠结。

在很少数的情况下，因为一些诱发因素导致的冲动或忽然的精神失控，当事人也会忽然开始实施自杀行为，形成冲动性的自杀。

三、自杀是可以干预的吗

答案是肯定的，自杀可以被干预。当自杀危机被及时发现和恰当地干预时，大部分当事人最终都会放弃自杀的计划，重新回归生活。

1. 理论层面

萨提亚认为，因为自杀者在整个自杀的过程中，内心一直陷入自我的冲突和矛盾之中，所以自杀者的内在至少有两个相互冲突的部分。

一部分来自经历挫败后形成的一些理念和经验，即相信痛苦无法缓解，人生没有意义，内心深层的痛苦难以诉说，更不用说被人理解。此刻，他形成了一个在自己看来非常符合逻辑的结论：自杀可能是消除目前痛苦的一种方式。另一部分来自人深层的生命力，这个部分相信生命是美好的，相信痛苦是可以被缓解的，只是需要探索新的方法，相信还有希望，愿意进行新的尝试。

当事人最终是走向自杀还是渡过危机，其实取决于他们自己最后的选择：是相信了内在的生命力，选择活下来面对内心和外在的困难与问题，还是相信内在受挫的、痛苦的部分，选择放弃生命来结束痛苦和挫败。

所以，自杀干预的任务就是协助当事人选择并相信内在的生命力，改变和疗愈那个受挫、受伤的部分，直到当事人愿意，也有能力为自己活下来，直至最终在生活中再次获得自信、快乐、健康和幸福的感受。

2. 实际经验层面

对大学生来说，他们相对比较理性，在自杀前会反复犹豫很长时间。在这朝向自杀的过程中，只要是在当事人完成自杀行为之前，我们在任何一个阶段发现当事人的自杀企图并适当干预，这个自杀危机都有可能被中止。因为，自杀本质上是心理问题。

也有很多时候，当事人自己在某个阶段心理发生变化，自行中止了自杀的计划。其中最常见的原因是自杀者考虑到自己的行为将给父母、亲人、朋友带来痛苦，因此在内心的冲突中挣扎，最后决定放弃自杀。

所以，自杀是可以被干预的。

四、辅导员如何理解自杀

辅导员对自杀当事人理解得越深刻，就能越有效协助处于自杀危机中的学生。以下是一些萨提亚模式谈及的相关理念，有助于辅导员进一步理解自杀。

1. 自杀的本质

自杀是一个多方面的问题事件，但从本质上来说是心理问题。

自杀本质上是个体的渴望未得到满足而导致的内在心理和情绪过程。

2. 自杀的起源

每一起自杀事件都源于过度的心理伤痛。

心理上的痛苦源于心理需求，即萨提亚模式中“渴望”的部分未得到满足，从而遭受挫折、不安。

五、谁要为自杀负责

1. 国际上的两种看法

第一种看法：自杀是“个人问题”。自杀是一个人自己的选择，自杀当事人需要为自己的选择负责。欧洲和美洲是进行自杀干预研究和实践的先行者，这种看法更多体现了他们的价值观和立场。

第二种看法：自杀是“社会问题”。这更多地体现了亚洲文化的价值观。亚洲的一些国家，如日本，就有明确的《自杀对策基本法案》。该法案改变将自杀视为“个人问题”处理的惯例，要求国家、地方自治体、用人单位都须承担防止自杀的责任和义务。

2. 我国对大学生自杀干预的基本态度

2004年10月15日，中共中央国务院发布《中共中央国务院关于进一步加强和改进大学生思想政治教育的意见》，明确提出：“要制定大学生心理健康教育计划，确定相应的教育内容、教育方法。要建立健全心理健康教育和咨询的专门机构，配备足够数量的专兼职心理健康教育教师，积极开展大学生心理健康教育和心理咨询辅导，引导大学生健康成长。”

为贯彻落实文件精神，进一步加强和改进大学生心理健康教育，切实做好心理咨询工作，2005年，教育部、卫生部和共青团中央关联和发布了《教育部卫生部共青团中央关于进一步加强和改进大学生心理健康教育的意见》。文件明确提出：“努力构建和完善大学生心理问题高危人群预警机制。高校要认真开展大学生心理健康状况摸排工作，积极做好心理问题高危人群的预防和干预工作，要特别注意防止因严重心理障碍引发自杀或伤害他人事件发生，做到心理问题及早发现、及时预防、有效干预。要建立咨询教师值班制、异常情况及时报告制，建立从学生骨干、辅导员、班主任到院系、部门、学校的快速危机反应机制，建立从心理健康教育机构到校医院、专业精神卫生机构的快速危机干预通道。”

其实，无论出于哪种价值观，面对风华正茂却处于自杀危机中的大学生，每个人都应该尽力去挽救这个生命。这既是人性中基本的善良，也是我们国家和教育系统对辅导员最基本的要求。

第二节　辅导员在自杀危机干预中的定位和工作重点

一、辅导员如何在自杀危机干预工作中给自己定位

自杀是一个多因素综合的问题，其中最突出的是心理问题。

研究发现，抑郁症患者中有三分之一的人会出现自杀倾向，所以自杀不是一个简单的思想问题，不是“小心眼”或一时想不开，有自杀倾向的人往往存在心理问题或有精神疾病，因此在自杀干预中必须有专业人员的介入。

我们也了解到一些学校要求辅导员掌握心理咨询技能，使其有能力为学生提供心理咨询。但需要注意的是，自杀危机干预中的心理咨询是非常特殊的咨询，困难较大，风险较高，不仅需要心理咨询师接受过相应的专业训练，还需要有极为丰富的咨询经验和危机干预实践经验。主管学生工作的辅导员，一般缺乏这方面的专业训练和干预经验，而且因为辅导员和被干预的学生存在师生关系，这个关系会影响辅导员以心理咨询的方式和当事学生进行工作。

目前我们发现的较为理想的干预模式是，心理危机干预的心理咨询工作由心理咨询中心的专业心理咨询师去完成，精神疾病的治疗由精神科医生负责，而辅导员负责为学生创建有利于学生度过心理危机的良好的学习环境和生活环境。

因此我们建议在自杀危机的干预中，辅导员把自己定位为一个在生活上、学习上和心理上支持学生度过危机的支持者和协助者。而在整个自杀危机干预工作中，辅导员是召集人、资源整合者和过程监管者。

二、自杀危机干预工作中辅导员的工作重点

根据我们十余年进行高校学生自杀危机干预的经验，大多数最终实施自杀的案例，是没有被事先发现的自杀危机个案。他们既没有被发现，也没有主动找辅导员或咨询中心求助，直到最终实施自杀（或未遂）后才被发现。只有很小一部分的求助者，是因为被发现或求助之后因为心理咨询进展不利、精神科治疗效果不佳或个人生活中再次出现挫折和打击，导致当事人放弃干预，最后实施自杀的。

所以，在自杀危机干预工作中，辅导员的工作重点有两个。一是发现处于自杀危机中的当事人，二是确保自杀危机当事人处于专业支持体系和个人支持体系的监管和保护之内。

为此，辅导员要做好两个角色。

首先，辅导员要做自杀危机的发现者，及时发现已经出现的自杀危机。辅导员一旦发现当事人有自杀企图，就需要进行自杀风险的评估，判断自杀危机是否已经

开始，以及进行到何种程度。这些评估在自杀危机干预中是非常重要和关键的。

其次，辅导员要担任自杀干预的召集人和推动者，整合校内外各种资源，促进危机的解决。一旦评估发现存在自杀风险，辅导员就要启动自杀干预体系，为处于自杀危机中的当事人构建一个包括心理咨询师、精神科医生、家人、同学、学校的相关领导和辅导员本人在内的专业支持体系和个人支持体系，并确保当事人始终处于这个支持体系内，直到危机的解除。

辅导员在这一过程中担任召集人、协调人、推动者的工作，负责相关资源的整合、对接并定期与专业人员核查自杀危机干预进展，检查危机当事人是否还在这个系统内，以及这个支持系统和干预对当事人是否有效。

三、辅导员如何进行自杀危机的评估

1. 自杀风险的评估

（1）什么是自杀风险的评估

自杀风险评估是指判断当事人是否有自杀倾向以及实施自杀的危险程度。

实际上，危机干预是从自杀风险评估开始的。因此，只要辅导员掌握有效的自杀风险评估技术，就能对自杀风险有及时、准确的判断。一方面，辅导员要保证危机干预机制的及时启动，及时介入，最大限度地避免自杀风险的出现；另一方面，也要避免出现“假警报”，导致人力和物力不必要的浪费。

（2）自杀风险评估的分类

一般来说，大学生自杀风险评估可以分为两个阶段。

第一个阶段是初步评估，是指由辅导员、任课教师、同学、宿舍管理人员等非心理学工作者通过观察、询问、分析、心理测试、心理调查等方法所进行的初级评估。

第二个阶段是专业评估，是指接受过专业训练的心理咨询师、医生约见在初级评估中被筛查出来的个体，并在会谈时运用心理咨询的面谈技术对这些个体是否有自杀意图、自杀计划，是否做过自杀准备以及是否进行过尝试等进行了解，以评估这些个体当前是否有自杀风险及风险的程度，并依据评估结果采取不同的针对性策略。

评估之后，进入决策阶段，需要根据评估的结果决定采取何种有针对性的干预措施。此时，自杀风险评估暂时结束。有时，根据后面的针对性措施，如转入咨询、转入治疗等，辅导员还需继续进行后续的自杀风险评估。

2. 辅导员如何做好初步的评估工作

初步评估的目的是把有自杀风险的个体从一般人群中筛查出来，使其有机会到心理咨询中心、医院或其他相关单位接受专业的风险评估。所以，进行初级评估的辅导员可能接受过专业的自杀风险评估训练，也可能没有接受过。

首先，发现有异常的言行时，辅导员就可以进行初步评估。只要辅导员发现某个学生有异常的行为、言论、态度或是生活习惯的巨大改变，并怀疑该学生有自杀倾向，就可以通过建议或说服教育，把这个学生带到心理咨询中心或医院接受专业人员的评估。咨询师一般只需要半个小时就可以做出准确的自杀风险评估。

具体来说，辅导员有必要了解以下几点。①

第一，大学里的生活大部分都是积极向上的，但也有一些情况会让学生产生消极的情绪，难以处理。

例如，离家带来孤独感；担心上学给父母带来经济负担；与室友或其他人发生矛盾；担心成绩不理想；害怕失败；对学校的课程安排不满意；担心以后的就业问题；因出现个人的丧失（如所爱之人死亡、与某人关系破裂、考试失败、丢面子、遭受拒绝等）而极度痛苦等。

第二，如果个体缺乏对某种特定状况的应对能力，出现心理危机的可能性就较大。

---

① 下述资料来自北京心理危机与干预中心网站。

例如，直接表露自己处于痛苦、抑郁、无望或无价值感中；易激动；过分依赖；持续不断地悲伤或焦虑；常常流泪；注意力不集中；成绩下降；经常缺勤；孤僻；人际交往明显减少；无缘无故地生气或与人敌对；行为紊乱或古怪；睡眠、饮食或体重明显增加或减少；过度疲劳；体质或个人卫生状况下降。

第三，心理危机可以演变为自杀危机，而自杀危机出现时会有以下现象和表现。

① 以前有过自杀未遂，说过要自杀，收集与自杀方式有关的资料并与人探讨。

② 流露出绝望、无助以及对自己或这个世界的气愤。

③ 将死亡或抑郁作为谈话、写作、阅读内容或艺术作品的主题。

④ 谈论自己现有的自杀工具。

⑤有条理地安排后事。

⑥ 将自己珍贵的东西送人。

⑦ 使用或增量使用成瘾物质。

⑧ 抓伤或划伤身体，或者其他自伤行为。

⑨ 最近有朋友、家人死亡或自杀，或其他丧失（如由于父母离婚失去父亲或母亲）。

⑩ 突然的性格改变、反常的中断、攻击性或闷闷不乐。

⑪ 新近从事高危险性的活动。

⑫ 学习成绩突然显著恶化或好转，慢性逃避或拖拖拉拉，或者出走。

第四，语言上的表现直接说出“我希望我已死去”“我再也不想活了”，或者间接说出“我所有的问题马上就要结束了”“现在没人能帮得了我”“没有我，别人会生活得更好”“我再也受不了了”等。

这些都是想自杀的求助者提供的几种线索或呼救信号。因为，没有人百分之百地想自杀。

其次，一旦发现以上这些明确的自杀信号，辅导员就要迅速进行自杀风险评估，或者告知副书记、资深辅导员，或者直接联系心理咨询中心进行专业评估。

有自杀动机和计划的大学生，从出现自杀意念到最后决定并实施自杀需要经过一段冲突时期。他们常常会陷入巨大的内心冲突之中，此时绝大多数人会直接或间接地流露出自杀的意念或与自杀相关的言行，包括通过微信、短信、微博等透露自杀的计划，讨论自杀的方式，谈论自杀，流露出轻生的念头，如“活着太痛苦了”“生不如死”“也许死了对别人会更好”，也可能直接告诉自己的同学或老师。

一旦发现明确的自杀信号，辅导员需要第一时间联系咨询中心，启动自杀危机评估工作。如果必要，安排人员保护好当事人，直到心理咨询中心专业人员介入。

四、辅导员如何对自杀危机进行干预

自杀干预的过程包括自杀评估，实际上干预的工作是从自杀评估开始的。

1. 一般的自杀危机干预过程

一般来说，在一个完整的自杀干预工作中，辅导员需要做好以下这些事情。

第一，相信你的怀疑，大学生可能会自杀。

第二，告诉处于危机状态的学生，你很担心他们，然后倾听他们的话。

第三，直接问他是否正在考虑自杀，如果是，是否有自杀计划。

第四，不要对他们的话表现出震惊，不要与他们辩论自杀是对还是错，不要承诺会对他们的自杀企图保密。

第五，如果你认为自杀的危险随时可能发生，让人贴身守护。

第六，尽快联系心理咨询中心的咨询老师，请他们进行专业的评估，之后共同商议是做心理咨询，还是立刻去精神科进行相关的诊断或治疗，以及是否需要通知家长，如何通知家长。

第七，依据精神科医生的诊断结果，决定是否服用药物以及住院治疗。

第八，为当事人构建专业的支持体系，体系中包括心理咨询师、精神科医生，目的是确保当事人能定期接受心理咨询、去医院接受诊疗或者住院治疗。

定期联系当事人、心理咨询师和精神科医生，确保当事人一直在接受专业人员的支持和干预，一旦发现当事人不再接受心理咨询或精神科治疗，就要及时与当事人、心理咨询师和精神科医生联系，了解情况，保证当事人能够一直得到专业人员的支持和帮助。

第九，为当事人构建个人支持体系，体系包括辅导员、家长、同学和校方相关人员，目的是确保在自杀危机的干预过程中，当事人在学习中或生活中得到足够的支持和帮助，不会因为经济问题、学业问题、人际关系问题导致危机的进一步加重。

第十，告诉学生，你相信他们的自杀企图是真的，而且很危险，但你也相信这种紧急状况迟早会过去，并且建议他们不要期盼这种紧急状况会马上消失。

务必告诉他们，解决的办法是一步一步、一天一天进行的；你随时可以提供帮助；无论什么时候，自杀企图变得强烈时，以直接的方式请求帮助是很有必要的。

一般来说，我们发现只要有自杀危机的当事人被及时发现，并被纳入专业的支持体系和个人的支持体系内，就很少会出现意外。在这两个体系内，一方面当事人能得到适合自己的专业的心理咨询和精神科的治疗；另一方面生活上能得到足够稳定的保障，所以大部分学生都能顺利地走出自杀危机。

2. 如何直接回应一个想要自杀的学生

最理想的方式是让心理咨询师和他谈，不过如果他和你谈起自己想自杀，你也可以直接回应。

（1）直接面对

辅导员不要因为害怕和担心而回避，和当事人谈这些会让他暂时轻松一些。他愿意和你谈，代表此刻他希望有人可以和他交流，哪怕只是倾听。这也是一种陪伴，说明那一刻他不是孤独的。

（2）传递你的爱

你可以直接告诉他们，你想要他活着，而且死亡不是摆脱痛苦的唯一途径。也许他不会被说服，但讨论这些对他们是有帮助的。

有一次，有人问萨提亚模式的代表人物、90岁高龄的玛莉亚·葛莫利（Maria Gomori）：“如果有人告诉你他想自杀，你如何回应？”玛莉亚说：“我会告诉他：‘不管你怎么看你自己，我想告诉你的是，你对我非常重要，我希望你可以活下去，我想邀请你活下去。’”

在大部分自杀危机干预中我们都用过这个方法。当我们发自内心地对另一个生命说出这些话的时候，那将会是非常有力量的。

（3）告诉他爱他的人都希望他活着

另一位萨提亚模式的代表人物约翰·贝曼博士（Dr. John Banmen）在研究中也发现，在中国，当人们产生自杀意图的时候，常常会顾及自杀对家人的影响，即便自己处于痛苦之中，他也愿意为了家人暂时活下去。

所以你还可以告诉他们，很多人都想要他活着，他是重要的和被需要的。他这样做会让爱他的人非常伤心。通常，这对很多当事人都有帮助，很多想要自杀的人都是因为不忍心抛下父母、家人、朋友才活下来的，特别是对中国学生，这个话题更容易产生效果。

以上都是一些经验和方法，供各位辅导员参考，请各位酌情使用。

我相信，最好的回应来自当我们与这样的生命相遇后，从我们的内心中自然而然生起的，出于对生命的珍惜而产生的人与人之间的自然的回应。

第三节　一个自杀危机的干预实例

这是一个真实的，患有重度抑郁、有自杀倾向但又不愿意住院的来访者的危机干预过程记录。在征得当事人的同意之后，我们模糊了相关信息，希望可以协助辅导员了解一个自杀危机干预的概况。

一、案例概述

1. 来访者基本情况

来访者为男性，硕士研究生三年级，独生子，家人均无精神病史。父母均为国有单位职工，工作稳定。家庭经济状况良好，父母婚姻关系稳定和谐，父母的关系也比较好。父亲比较严厉，母亲比较温和，案主与母亲的关系较好。

2. 自杀危机的形成过程

案主与自己的指导教师关系不融洽，因而决定放弃继续读书的计划，准备找工作。但因为论文还没有发表，所以指导教师不支持案主找工作，为此案主与指导教师反复沟通协调，最后达成协议，案主可以一边找工作，一边准备论文。此时，案主已经开始觉得烦躁和疲惫。

在找工作期间，案主应聘时笔试都很顺利，但面试屡屡被拒。案主不知道原因何在，他开始怀疑自己，自我否定。他开始出现失眠、焦虑等症状，而女友一直鼓励他要坚持，继续找工作。案主坚持一段时间之后，感觉身心俱疲，无法继续，因此决定回家休养。回家休养期间，案主在当地医院被诊断为抑郁症，但因为与父亲沟通不畅，因此未进行任何治疗，直接返回学校。

二、危机干预过程

1. 危机的发现

案主返回学校之后，他的女友发现其有严重的失眠，注意力难以集中等情况，同时感觉案主开始封闭自己，不爱说话，思维迟钝，语言表达困难。因此，她带案主去医院就诊，并通知案主的母亲。院系副书记此时了解到这个情况，第一时间联系了心理咨询中心，征求咨询中心的意见。咨询中心建议可以先去医院进行诊断和评估，再来中心。

案主在女友和母亲的陪伴下复诊，被诊断为重度抑郁，收治入院。案主起初不想住院，但被周围人说服入院。入院一天后，案主因为无法忍受医院里太多精神异常的病人的情况，感觉自己和他们很不一样，因此要求出院，后被家人接回学校。此时，案主请求院系老师协助联系咨询中心，要求进行心理咨询。院系辅导员随后联系了咨询中心，为案主安排了咨询师。

2. 危机的评估

咨询师对案主进行了危机评估，发现其已经出现自杀倾向。

进一步评估发现，案主只是有了自杀的想法，还没有具体的计划。咨询师在深入访谈时发现，案主的自杀倾向与案主对自己疾病的理解有直接关联。

案主在找工作期间，出现严重的失眠和焦虑，无法控制的时候，第一次出现自杀倾向。后来，因为被诊断为抑郁症，他开始把注意力放在诊断和治疗上，因此自杀倾向消除。

但这次住院期间开始服用抗抑郁剂，出现嗜睡，全身无力，注意力不能集中，头脑昏沉等症状。虽然案主被告知，服药后会出现这些症状，但这些症状的出现还是极大地动摇了案主对治疗的信心。他开始对精神科的治疗是否有效产生怀疑，因而陷入绝望，出现自杀倾向。所以，心理咨询成为案主最后的希望。

案主对咨询抱有很大的期望，期望可以通过咨询改善自己的处境。咨询师依此判断，只要咨询产生效果，案主的自杀倾向就不会推进。

3. 危机的干预

（1）协助案主理解自己，树立治疗的信心

首先，咨询师让案住明白，咨询师关心并能够理解案主的感受，而且咨询师非常了解抑郁症的出现与心理的关系，自己在处理类似情况上有许多成功的经验。

其次，咨询师协助案主理解自己为何一步步从找工作走到今天出现抑郁症。案主出现问题的关键点在于案主在面试中越来越紧张，越来越焦虑，然后开始失眠，需要在休息和调整后继续找工作。在被诊断为轻度抑郁的时候，他需要停下来治疗和咨询，然后再找工作。

就好比一个人感冒之后，需要休息两天，恢复体力之后再去干重活。如果，感冒后不好好休息，情况就可能进一步恶化，而工作也很难做好。案主也是因为各种原因，在轻度抑郁（心理感冒）之后没有给自己修养的时间，而是继续努力地写论文、找工作。因此，咨询师建议暂停让自己有压力的工作，开始好好治疗自己的心理感冒，调整好状态之后再去找工作和写论文。

这个解释，让案主明确了自己患抑郁症的原因。案主觉得这非常符合自己的实际情况，因此对此非常认可，对咨询师和咨询充满了信心。

同时，案主也明白了自己虽然有抑郁症，但这不是自己的常态，只要好好修养，就可以恢复正常，因此基本同意暂缓论文和找工作，集中精力治疗抑郁症。

（2）鼓励案主药物治疗与心理咨询相结合

在案主对咨询师产生一定的信任之后，咨询师向案主解释了服用抗抑郁剂和心理咨询对于治疗抑郁症的不同原理和不同效果。案主意识到，在自己目前的状况下，服用药物对自己会有帮助，同时也确实会有副作用（在此期间，先出现药物的副作用，但药物的治疗效果还不明显，三四个星期之后，抗抑郁剂的效果才逐渐明显），但只要后期咨询的效果出现，症状减轻，药物就可以逐步减少直到最后停药。

案主明白药物治疗的原理和特点之后，表示愿意继续服用药物，同时愿意努力度过服用抗抑郁药初期最艰难的三个星期，在此期间也会坚持来做咨询。

（3）处理在当下引发案主焦虑的外部原因

案主提到，这一阶段引发自己焦虑的原因主要有两个。

一是担心一旦陷入严重的焦虑、失眠，就会出现自杀倾向。目前，服药之后，自己的睡眠质量并没有明显改善，睡醒了之后头还是昏沉沉的。咨询师建议案主在服用精神科药物和接受咨询中心心理咨询的同时，接受中医按摩或针灸治疗。案主对此也非常接受，表示愿意试试看。

另一个是担心自己女友的态度，也有些担心暂停找工作后女友的态度。咨询师请案主协助邀请女友和母亲第二天十点半一起来咨询，他很高兴，也很愿意。

之后，咨询师请案主觉察，害怕自己辜负别人对自己的期待，担心别人对自己不满意，是不是案主常有的一个焦虑来源，并邀请他在准备好的时候在这个主题上做咨询。这也让案主意识到，自己的焦虑、紧张和抑郁，是有相应的心理基础的，确实需要在心理上做一些调整和改变，因此对心理咨询更加有信心。

第二天，咨询师为案主、案主的母亲和女友一起做了一次家庭治疗。在征得案主的同意之后，向案主的母亲和女友通报了案主的现状，目前治疗和咨询的方向、目标，打消他们的顾虑，鼓励他们建立一个支持性的环境，以支持案主。案主也明确表达了自己的需要，母亲和女友也明白了案主的现状，以及需要什么样的支持。

在第一次咨询结束当天，咨询中心与院系副书记取得联系，通报危机评估情况，以及目前咨询的进展，建议院系做好指导教师的工作，并对案主予以必要的支持。副书记已经与指导教师沟通，减少案主的工作量和发表论文的压力，并为案主争取到一笔奖学金（案主之前的学习成绩非常优秀），极大地缓解了案主的经济压力。

4. 干预的效果

五天后，案主进行第二次咨询，此时他的自杀倾向已经消失。

案主反馈，母亲的支持和女友的理解对自己的恢复起到了很大的帮助。同时，中医的针灸治疗，让案主的睡眠得以明显的改善，案主对自己的康复更加有信心。但案主还是担心自杀倾向会再次出现，这时咨询师把自己的联系方式给案主，并请案主在出现自杀倾向，需要帮助时联系自己，案主感觉很踏实。

第二次咨询，案主的思维较之前更为清晰和灵活，越来越聚焦于关注自己的心理问题及如何解决。案主询问为什么心理问题会导致生理的改变，以及心理咨询到底是怎么进行的，后面会做些什么。咨询师进一步从心理学的角度解释了潜意识中的创伤被激发导致的情绪低落，以及此时的自我压抑对身心造成的影响，及其与抑郁症的关系。案主表示认同，并想了解可以如何治疗。咨询师提供给案主一个萨提亚模式治疗抑郁症伴随自杀倾向的咨询录像，请他观看。

一个星期之后，案主决定回家休养。评估案主目前没有自杀倾向，并愿意继续接受抗抑郁剂治疗之后，咨询师同意案主回家休养。

第二学期开学后，案主前来咨询，处理了引发抑郁症的童年创伤。之后案主完成了论文，通过了答辩，顺利毕业，并找到了自己满意的工作。

三、经验总结

1．专业支持系统方面

其一，对自杀危机的危险程度进行准确的评估是危机干预的关键。

对案主自杀倾向的危险程度和走向的准确判断，决定了是否需要启动危机干预以及制订危机干预的方法和目标，这是危机干预的关键部分。评估准确了，才能决定后续的工作。

其二，协助案主理解自己危机出现的原因，并指明危机干预的原理和方向，让案主看到希望，这对案主树立信心很有帮助。

案主进入危机状态，一定有内在和外在的原因，案主对自己为何处于当前情况的清楚认识，有助于案主产生康复的信心。而前提是咨询师对这个过程很清楚，并能与案主建立良好的关系，引导案主了解这个过程。

其三，药物治疗和心理咨询都很重要。

咨询师必须意识到药物治疗和心理咨询有着不同的目的。药物治疗可以缓解症状，心理咨询能找到病根，解决内在的心理问题。所以，对于重度抑郁的案主，在他自我调整能力不足的时候，服用抗抑郁剂是很好的选择。

关键是咨询师要与案主建立足够好的支持性关系，协助案主平稳度过服药后的前三个星期。等抗抑郁剂的效果出现之后，案主暂时摆脱危险后，心理咨询必须尽快深入下去，找到触发抑郁的内在创伤和丧失功能的部分，完成心理治疗，否则案主还有可能再次出现自杀倾向。

2. 个人支持系统方面

其一，心理咨询中心的咨询师与院系副书记、辅导员建立良好的合作关系能起到关键作用。

重度抑郁和自杀倾向既有案主的内部原因，也案主的家庭、学校的外部原因。专业干预更多聚焦于内部原因，外部原因的干预必须依赖院系的副书记和辅导员。一方面，他们要在近期内减少案主的压力，避免其再受刺激；另一方面，在院系的规定范围内，他们可以给予案主一定的便利条件和社会支持，这对于危机的干预和重度抑郁的恢复会很有帮助。

其二，通过家庭治疗改善案主的社会支持，建立足够可靠的危机联系人，消除危机干预的后顾之忧。

当案主出现自杀倾向之后，需要通知家长，请家长来照顾案主或把案主接回家治疗（取决于病情、学校的实际情况以及案主和家人的选择）。

案主喜欢的家人是陪伴案主的最佳人选（通常要询问案主最希望谁来陪自己，需要案主自己说出最希望谁来陪他），之后，案主会得到较好的家庭支持。

重要的是，这个家长还是危机联系人。因为在这个阶段，案主的情绪非常不稳定，可能会在一些我们意想不到的刺激下产生自杀冲动。因此，陪伴的家人负有密切监视案主，一旦发现案主自杀倾向加重或出现自杀行为，就第一时间报告咨询师和院系的责任。有这样的家人陪伴案主，咨询就可以继续进行下去了。

第七章

辅导员的自我成长与自我关爱

第一节　影响辅导员心理压力的因素

第二节　辅导员在心理危机干预中的情绪调节术

第三节　辅导员如何进行有效的压力管理

第四节　辅导员如何进行自我关爱

辅导员群体是在校园生活中与大学生距离最近的教师。在他们的努力协调和工作介入下，许多校园危机事件在潜伏期就化于无形。辅导员也是高校教师中最了解学生动态的群体。当学生遇到困难或是出现危机事件的时候，辅导员往往是第一个得到消息、第一时间站在现场的老师。

在一线的忙碌工作中，辅导员不仅要负担琐碎繁杂的学生管理工作，还需要挤出一些时间进行基于工作实践的科研，以及相关课程的教学任务。同时，专职辅导员还往往兼任学院团委职务或承担其他行政工作。长期处于多种岗位角色中，在多重的工作压力之下，辅导员经常面临各类学生危机事件带来的巨大的心理冲击。如果没有及时的调节和必要的学习充电，长此以往，许多辅导员在繁忙地工作两三年之后，就会出现要被掏空的感觉。他们会时常觉得力不从心，甚至出现职业倦怠（Burn Out），导致工作精力严重不足，严重的甚至出现抑郁症或其他身心疾病。

这些挑战是辅导员在自身成长过程中常常面临的，尤其是在进行危机处理时，辅导员首先要学习怎样面对自己的情绪和处理面临的压力；其次要保证自己在状态稳定的前提下应对事件的处理，并在应对中成长；最后还需要特别注意自我关爱，这样才可以保障辅导员工作的良性循环。

如何让辅导员顺利快速地成长，尤其如何让辅导员更好地面对自身的情绪和压力问题，如何在管理压力和情绪的同时实现自我成长，做到自我关爱，本章将提供一些具体的方法和途径。

第一节　影响辅导员心理压力的因素

辅导员工作可谓“上面千根针，下面万条线”，头绪纷繁复杂，工作强度和挑战大。尤其在危机时刻，辅导员所承受的工作责任及学生安全压力会成倍增加。辅导员群体独特的人格特质，促使他们比其他教师岗位的从业者更有能力和甘于在这个平凡岗位上付出心血，兢兢业业。辅导员团队的工作氛围，相比其他工作群体也更加鼓励和要求他们有更多的奉献和担当。这些都是辅导员在工作中体会到身心压力的缘起，同时，他们对压力的反应机制也具有相对稳定的模式。当前，辅导员是我国高等教育体系中不可缺少的教职人员。由于辅导员工作具有一定的特殊性和复杂性，一些外部因素和内部因素导致其产生较大的心理压力。

一、辅导员产生心理压力的外部因素

1. 工作头绪纷杂，需要面对多变性和不稳定性

辅导员普遍感觉自身工作的覆盖面比较大，接触的人群非常多，包括全体学生（所谓“一切的学生”），还包括部分学生的家长；工作内容琐碎，涉及大学生在校的大部分生活（所谓“学生的一切”）。

同时，辅导员从事的是一份每天与人打交道、要不停处理和人相关的事务的工作。与人打交道的工作面对非常多不确定因素，面临诸多变化，所以辅导员工作格外需要专注做事的能力，而在组织协调，人际沟通，带领团队克服困难达成目标的过程中，辅导员容易在紧张的工作节奏下产生一定的心理压力。

2. 职责边界不清，需要不断创新

在对辅导员的访谈中，我们可以发现由于辅导员的工作岗位比较特殊，工作的界限和内容比较模糊，导致辅导员在工作中有时会左右为难。有些事情不管不行，管多了也不行，尺度的拿捏需要高超的管理艺术和沟通技能。

例如，学生谈恋爱的问题，该不该管，管到什么程度；当学生出事了，学生家长来要说法的时候，辅导员该怎么表态，说哪些，不说哪些，说到什么程度。这些都很难拿捏。大多数情况下，辅导员对在事件处理中的角色定位不清楚，还要在事情的进展、家长的态度、学校的决定、领导的意见中回旋，工作难度非常大。

3. 综合能力要求高，需要边工作边思考边摸索

辅导员在学生管理工作中需要有较强的人际沟通能力和处理人际冲突的能力，但他们往往缺乏有效的培训和指导，经常要一边摸索，一边实践。由于要处理大量人与人之间的关系问题，辅导员需要有非常好的人际沟通能力，以便迅速准确地发布相关信息，有时也需要与人进行深层次的传情达意的沟通（与学生、家长谈心等），同时也要具备非常强的人际协调能力，以处理各种人际冲突。这些工作都比较复杂，对辅导员自身的能力和素质要求非常高。

但目前，针对辅导员的培训还远远没有达到辅导员工作所要求的水平。访谈显示，大部分辅导员觉得目前接受的培训离自己的工作生活比较远，难以提供直接有效的帮助。很多工作中遇到的问题都要靠辅导员自己去摸索解决的方法，困难的时候他们也会向经验丰富的前辈请教，但多是自发性的个人行为。大部分能够处理工作事务的辅导员都是“自学成才”，都是从实践中逐步摸索出来的，新、老辅导员之间还没有形成传、帮、代一条龙的培训体系。

4. 时常需要加班，应对不定期出现的紧急事件

一般情况下，辅导员的工作负荷会比较满，因为经常还要担任教学秘书等工作。但在完成日常工作之外，辅导员还要在周末或晚上组织、参加一些学生活动，而且对突发事件、危机事件的处理也大都在工作时间以外。虽然这些不是每天都会发生的事件，但这些事件的发生会严重干扰辅导员日常工作的进行。

5. 工作中常面对负能量，需要更多的自我关爱和更强的支持系统

辅导员需要管理学生的学习和生活，处理一些特殊事件。例如，关心、支持情绪低落的学生，帮助学生适应新环境，鼓励和支持成绩差的学生，帮助调节宿舍矛盾，救助生病或是发生意外的学生，等等。在这个过程中，辅导员会接触大量不愉快的人和事，而且许多事情可能是辅导员自己也不太清楚该如何处理的，这必然会影响辅导员自己的心情。但在这个过程中，辅导员并不太清楚如何保护自己不受这些情绪的影响，或如何在受到影响后进行自我调节。更多的时候，辅导员自己已经处于压力状态

中，但还要耐着性子勉强自己去倾听学生的烦恼，导致自己直接暴露于负性情绪之下。其实，这是非常危险的。

辅导员需要通过很长时间才能学会觉察和区分自己和他人的情绪，疏导自己的压力和情绪，以及学会必要时如何利用界线来保护自己。

6. 专业化程度有待提高，需要更加明确未来的发展方向

访谈中许多辅导员反映，觉得自己的工作很累，缺乏技术含量，大多数时间像在打杂，觉得自己的工作缺少专业性和技术性，缺乏明确统一的考核标准，工作了几年之后就觉得自己的东西用得差不多了，但在工作岗位上学习到的技术、能力到底有哪些，自己也说不清楚，有一种担心落后于时代的不踏实感。同时，他们不清楚自己一直做辅导员的话，未来的方向在哪里，也不太清楚自己应该补充些什么样的知识，感觉比较迷茫。这种不踏实感和迷茫感，会影响到辅导员的工作动力，有时还会使他们感到烦燥不安。

二、辅导员产生心理压力的内部因素

1. 成也“能扛”，累也“能扛”

在工作观察中，我们发现，辅导员中女性居多，大多数辅导员性情都比较和善。总的来说，辅导员中内向、敏感者居多，很容易受到外界人际冲突和工作压力的影响产生情绪，但辅导员的情绪经常无法向外表达，很多时候只能把情绪压在心里。这种对情绪的压抑就会把辅导员带入一种压力状态。

2. 忽略自己，支持系统不健全

辅导员对他人和工作考虑得比较多，遇到人际冲突的时候，习惯于退让；遇到工作与生活的冲突的时候，习惯于忽略自己；遇到不顺利的事情，感到过大的工作压力的时候，比较倾向于默默承受，较少表达自己的意见，较少去争取些什么，也较少寻求他人的支持和协助。

很少有辅导员会有意识地为自己建立社会支持系统，这就导致很多时候辅导员在

困难面前感到孤立无援。

3. 职业价值感不足，重视外部评价

自我的价值感，是一个人关于自己是否有价值，觉得自己是否足够好的内在感受。在工作中，辅导员常把自我的价值感的获取建立在他人评价的基础上，习惯通过自己对他人的价值（帮助他人的程度）和他人对自己的帮助的认可程度来评价自己。所以，辅导员喜欢与人打交道，习惯于倾听他人倾诉，乐于帮助他人，满足别人的需要，但通常不太习惯拒绝别人。因为太在乎别人的评价，所以很多辅导员一旦感受到冲突和压力，一旦察觉到他人对自己不满意，就很容易产生紧张的情绪，进入压力状态。

当这些外部因素和内部因素共同作用的时候，辅导员很容易就会进入一种压力（应激）状态。应激状态下，人会本能地调动全身的血液、激素、神经递质等，以应付当前的重要压力事件，人也就开始有压力了，身心都会进入紧张状态。正常情况下，每一天，我们每个人都会遇到这样的情况，但人体有自动消解压力的机制，所以也不太会受到影响。但如果一个人长期处于这种压力之中，当产生的压力超过了人体消除压力的能力的时候，压力就会对人的身心产生影响。

通常人在压力状况下，身体和心理会处于对外界事件的高度警觉之中，所以很难觉察压力已经影响到自己的身心状态。往往是在事情过后，我们才感觉到身心俱疲，需要有更多时间进行调整和恢复。如果在这个时候及时得到调整和恢复，我们很快就可以恢复到产生压力之前的身心状态。但如果没有及时得到恢复，这些压力就会在人体里累积起来，影响到我们以后的工作效率。这种影响是缓慢的、不知不觉的，很多时候给人的感觉只是有点累，觉得休息一下就好了，但实际上即使进行一般的休息，我们也不觉得解乏，疲劳感并没有明显缓解或消失。

部分内敛、敏感、倾向于自我压抑的辅导员，个性上比较能够忍耐，觉得忍一忍就过去了，或因为太忙而无暇休息，就会屏蔽或者压抑自己对压力、疲劳的不适感，继续在疲惫中挣扎着进行低效而又努力地工作，希望可以尽快熬过这个阶段。最后，

当压力产生的影响比较严重时，就会产生比较明显的身心不适表现，比如反复感冒，或者旧病容易复发，或者出现与免疫力下降相关的疾病等。很多辅导员只有在身体生病硬扛不住的时候，才发觉早已身心俱疲，需要好好调养和休息。

自我关爱、情绪调节和压力觉察与管理，不管是对从事助人者职业的辅导员教师，还是对于受到辅导员指导的学生而言，都是至关重要的。所以，辅导员在工作过程中，尤其是应激、紧急、危机事件的应对中，要加强自我觉察与关爱。本章第二节我们将重点论述情绪调节的技巧与智慧。

第二节　辅导员在心理危机干预中的情绪调节术

情绪管理是压力管理的第一步，管理好情绪，平和地面对人和事，压力就无从产生。如果已经进入压力状态，那么一方面要减少压力状态对人的身心产生的影响，另一方面要寻找压力背后的情绪，去处理好那个情绪，这样才能最终从压力状态中摆脱出来。中国传统文化一再强调修身、调心，就是指要学会保持一种平稳的心态，以此应对这个世界的无穷变化。

一、情绪调节

1. 情绪与压力常常相伴相随

情绪和压力的关系非常密切。能管理好自己情绪的人，通常心理压力也不会太大。情绪，简单来说，是外界刺激所导致的人内心中产生的或愉悦或痛苦的感受。情绪的出现，无论是愉悦的还是消极的，都会打破原有的内在平衡，使人进入或兴奋或紧张的状态。

大喜之下，过于兴奋会导致心态失去平衡，心情难以平静，精力难以集中，思维出现混乱。所谓“喜伤心”，就是这个道理。一些诈骗集团就是利用这种心理学现象，用从天而降的好消息致使对方思维混乱，从而达到行骗的目的。如同“范进中举”的故事，过度兴奋、喜悦对我们的身心健康也会产生影响。当然，我们通常倾向于“没事偷着乐”，很少有极端的情况。所以，这些情绪是适度的、宜人的。

辅导员在压力状态中，面对危机事件等挑战性任务时，无法快速地解决，或是解决的情况不让自己或他人满意，就会产生不愉快的情绪体验，如愤怒、悲伤、委屈、伤心、痛苦。在身心紧张、充满压力的状况下，这种压力和痛苦会提醒、推动我们面对这些未解决的问题。问题一直得不到解决，我们的身心就会紧张有力地继续推动，直至问题得以解决；抑或最终仍然解决不了，但接受现状，不再抱有不满情绪。这时，压力和痛苦的感受会慢慢消失。

这样看来，情绪就如同一个人内在的信息系统，焦虑、紧张、愤怒等情绪的消失意味着压力状态的结束。在压力产生之前，我们一定会有情绪，如若不及时疏导这些情绪，而是任其累积起来，我们就会很快进入高压力状态。当然，只要适当地自我调整，疏导情绪，就可以避免进入高压力状态。

2. 情绪调节的目标：与情绪对话，与情绪交朋友

情绪管理的目标就是，面对事情产生情绪后，及时疏导、转化情绪，不被这个情绪所困扰。

情绪的发生，常常是和事件关联在一起的。当我们被事件触发的时候，就会产生相应的情绪（焦虑、紧张等）。负性情绪也有力量，会推动我们解决问题。这是人类的一种本能，是一件非常自然的事情。但问题是，焦虑、紧张、愤怒的情绪，可能促使我们去战斗，也可能驱使我们去逃跑，这也就是我们常说的“战或逃反应”。如果我们生活在几十万年前的原始森林里，这种机制是很适应当时的生活环境的。面对外在危险，我们必然会产生应激情绪，从而快速引发强烈的身心反应，呼吸急促，瞳孔放大，血压升高，四肢充血，准备好一声号令就要去战斗，或拼命逃跑以保全自己。

这是非常符合当时人类在丛林里生存的需要的。如今，我们生活在先进的21世纪，生活已经发生了翻天覆地的变化。在绝大多数情况下，现代生活的主题是“怎样生活得更好”，而不是求生存，“怎样活下来”。

辅导员在生活、工作和学习中，需要的不是你死我活的斗争精神，而是更多的平静、稳定与和谐。所以，我们不需要利用和制造更多的焦虑情绪来推动工作，而应该用心关爱自己、体贴自己，用心去理解和体会他人，冷静认真地去思考怎样解决工作中的问题。

“战或逃”的求生存反应模式，对辅导员开展工作、享受生活以及解决各种问题，不是很有益处。但这种心理反应机制仍然存在于我们身体之中，以前是在野兽出现的时候，感觉到被威胁时，我们自动进入压力状态，出现战斗或逃跑的反应。现在让我们有危机感、感受到威胁的时候，是我们和别人发生争论的时候，或者领导找我们谈话的时候，或者学生出现了失踪、打架、有自杀意愿或行为等意外事情，需要我们去应对的时候，等等。这时，我们会产生紧张、焦虑的情绪，再次自动进入压力状态，从而迅速做好战斗或逃跑的准备。

但其实这个时候，辅导员既不能打仗也不能逃跑，而是需要快速与学生对接，然后陪伴在学生身边，耐心地沟通，深入地谈话，了解和解决问题。辅导员此时要有冷静的头脑、清晰的思路、稳定的情绪状态、清楚流畅的表达，以及不厌其烦的耐心解释。因此，我们有必要学习情绪管理，学会觉察自己的情绪，当产生焦虑、紧张的情绪时，与情绪对话，让自己的身心迅速恢复到和谐、冷静、平稳的状态，从而有助于我们顺利工作和愉悦生活。

遇到困难的时候，辅导员要有意识地觉察自己的情绪，与自身的情绪对话，疏导自己的情绪，学会用生活的智慧模式来代替求生存的本能模式，用稳定的智慧替代焦虑、紧张带来的挣扎与躁动倾向，这样我们就能向幸福的生活迈进一大步。

3. 情绪调节的两大原则

辅导员在学习和掌握情绪调节的方法之前，先要树立情绪调节的两大重要原则。

（1）先处理情绪，再处理问题

辅导员要尝试把“情绪”和“拥有情绪的自己”分开。通常我们产生情绪，主要是和一些事情超出我们的预料，没有按照我们的预期进行有关。特别是出现了一些我们不喜欢的结果时，我们会产生焦虑、紧张、愤怒、烦恼等感受。这时我们就需要学会把情绪和事情分开，如果带着强烈的负面情绪做事，往往事倍功半。

产生了负性情绪后，我们就会觉得不舒服，想尽快解决这些问题，于是搁置、压抑、累积这些情绪。如果事情进行得不顺利，我们就很容易产生更加严重和复杂的情绪。开始只是烦躁，后来可能升级为愤怒，但当愤怒来临的时候，我们解决问题的能力、思维的水平、心理的稳定状态都会下降，这种情况更加不利于问题的解决。除非是和别人发生冲突，想用愤怒的样子吓唬和影响对方，或是想向对方施加压力、震慑对方，否则愤怒不利于解决问题。一般而言，辅导员是不需要采用这个方法来应对问题的。这种方法有很大的副作用，愤怒的人首先会让自己的身心系统受伤害，其次愤怒也容易激起他人的防卫和攻击，把一个本来可以和平解决的事情变得不可收拾。

在愤怒、恐惧、焦虑等负性情绪占据主导地位时，人的身心会处于高度紧张的压力状态之下，大脑与情绪相关的区域，也就是与生存本能相关的大脑中枢会高度兴奋，但影响解决问题的理性思维的中枢就会相对被抑制。所以我们常说，盛怒之下，情绪当中，很难化干戈为玉帛。

如果觉察自己已经积累了很多情绪，要事当前，最好先有哪怕片刻的冷静，等待情绪相对稳定平静，捋清楚思路后，再去解决问题。

当然，学习情绪管理和调节，并不是要我们回避冲突，实施“阿Q精神胜利法”，而是要我们按照处理事情的原则，依据实际情况，灵活地做出各种应对，其中也包括以强势的方式应对问题。整个过程中，如果我们能够做到疏导负性情绪，把情绪调整到稳定、正向、积极的状态，那会更加有利于我们发挥能力，有利于问题的解决，自然也有利于我们保持身心健康。

（2）先疏导好自己的情绪，再去疏导他人的情绪

人与人之间很容易相互影响，特别是一个人焦虑、紧张、愤怒等强烈的负性情绪很容易调动和激发其他人的负性情绪。而辅导员的工作，几乎每天都在与人打交道，所以当发现对方已经有了强烈的负性情绪，就需要首先调整好自己的状态，再去面对。如果我们也被传染到对方的不满，就容易带着情绪和对方沟通，这样通常都不会有好的效果；或者如果我们带着“有色眼镜”去看待和评判问题以及带着问题的人，就会让自己升腾起强烈的情绪，这样同样不利于和学生之间的沟通和工作。

我们应该尝试先放下“评判”的保护武器，用好奇的眼光去看待来访的学生：发生了什么？是什么让情况变糟糕了？他的内心感受如何？需要我帮忙做点什么？我们的好奇和稳定状态，能够让学生更加客观和冷静地看待自己经历的痛苦、面临的困难与挑战。

二、尝试让情绪为自己加分

产生情绪后，如果我们认为这是不太好或不太适合的情绪，通常会想办法把它压抑下去，或者转移注意力不去关注它。但须知“忍字心头一把刀”，对情绪的压抑和忽视，其实是一种对于情绪处理的误解。情绪并不会这样简单消失，反而有可能因为被这样对待，在未来反弹得更加严重。

所以，我们需要从情绪引发的当下、事后，以及平时准备这三个层面管理和调节情绪，并通过对话与调节，让我们更加了解自己，加强自我认知与自我接纳，这样才有可能得到更多的自我成长。

1. 处理当下的情绪

当事情发生在眼前时，我们就已经产生了情绪。一味地回避和压抑是不健康的，可什么是更加健康、有利的应对方式呢？

第一步，就是“觉察”。辅导员要先觉察自己的情绪，知道自己是不是产生了强烈的情绪。纵使情绪对我们的影响又深又大，但如果我们没有觉察，就很容易陷入黑影里，从而被情绪左右，偏离我们向前行进的本意。

第二步，就是“接纳对方 / 事件”。当然，接纳不等于投降，不是没有原则地同意对方是对的，也不是放弃自己的立场、观点去讨好对方，按对方的意思去做。接纳意味着：“我接受事情就是这样的，接受他就是这样的一个人。事情 / 人就是这样子的，而不是我本来希望 / 期待的样子。”

下面，我们结合一个实例进行详细讲解。

例如，辅导员遇到了一位不讲道理的家长，明明是自己的孩子不爱学习，通宵打游戏，影响宿舍同学，可这位家长还胡搅蛮缠，要求宿舍同学迁就、照顾自己的孩子。面对这种情况，我们常见的反应就是烦躁、反感、厌恶甚至愤怒，心里可能会想：“这个家长怎么这么没素质！”“竟然还有这样的家长？！”“怎么让我遇到他了，真倒霉！”带着这样的情绪去和家长沟通，家长也能够感受到来自辅导员的评判和态度，沟通自然就不会很顺畅。

在这个事例中，所谓“接纳”，就是尝试放下我们内心中立刻产生的评判、指责以及这背后对乐于解决问题的配合家长的美好期待，接受眼前的这个家长就是在沟通和倾听别人方面有困难，接受和这个家长讲道理比较难于讲通，接受这个家长特别善于保护自己的孩子，并且意识到工作中难免遇到这样的家长。有了这样的“接纳”，我们就不再强烈地期望这个家长是我们喜欢的那种讲道理、守规矩、好沟通的家长，还可以进一步思考，面对这样的家长，我们辅导员可以做些什么，可以找到家长的什么共鸣点一起做工作。当我们放下对他人的美好期待时，就更容易看清楚对方的秉性特征，思考我们可以如何调整沟通和应对的策略，做出更为恰当的回应，而不是停留在情绪包围中，或者在负性情绪的推动下做出下意识的工作反应。

因为我们无法放下对他人的期待，所以在和对方接触的过程中，我们就会产生很多愤怒、懊恼、郁闷的情绪，越看对方越不顺眼。在这些情绪的推动下，我们会不自觉地产生指责、批评对方的冲动。这种冲动要么被我们深深地压抑在心中，要么通过无意识的肢体动作、语气、表情流露出来；而对方的潜意识一定会接收到这些信息，产生不被接受的感受。这种感受会直接破坏彼此的信任关系，影响到沟通的效果。可能你是有意让对方知道这些信息，知道你的不满的，但即便这样，你也需要先对自己的情绪有所觉察，并有所控制地表达这些信息。

第三步，就是“观察自己的情绪”。当你清晰地觉察到自己的情绪，及时调整了自己的期待，接纳对方或者事情的存在后，还是觉得意识上虽然明白了，但情绪上仍然余怒未消，难以平静，那么你就需要进一步观察自己的情绪了。

“观察”自己的情绪，不是对自己产生的情绪进行评价或者指责，例如，“为什么我又发火了？！”“为什么我就忍不住呢？！”“我的修养太不好了！”在对情绪进行自我观察的时候，我们不要责备自己，而是应该尝试接纳自己，承认自己只是凡人不是神仙，而只要是凡人就会有情绪，就会产生这种反应。倘若做不到，我们就可能因为责备自己而产生另一种负性的情绪，如觉得自己不够好，甚至对对方心生歉意，妥协甚至纵容，做出不必要的让步。

所以，请认真观察自己的情绪，看着它，接受它，尽量不做评价。同时，不要把过多精力放在观察那个让你产生情绪的人或者事情上。因为在恢复平静之前，越是注意对方，越是看重对方，我们的情绪就会越大。静静地观察自己的情绪，之后我们就会发现，这个情绪自己就会渐渐消退。

第四步，就是“处理引发情绪的事情”。情绪是因为遇到了一些人或事情才产生的，情绪得到平复，不代表问题已自动解决，我们还是要积极面对。当然，这个时候，我们会更加平和、冷静，也更加有力量，可以带着一颗平静、和谐、稳定、接纳的心去面对和解决问题。

2. 事后释放自己累积的情绪

在经历过很多的事件后，我们往往会堆积一些情绪。我们无法永远或者在大多数时间里保持心静如水的状态，这需要多年的学习和修身，所以当事情过去后，我们心里会有一些不满、愤怒或是不舒服的感觉。这个时候，仍然需要再次觉察这些累积起来的情绪，也需要钻到情绪背后看看，自己心里没有被满足的期待到底是什么。当体察过期待后，我们要再观察这些情绪，看它有没有慢慢消减，容许它有个静静消失的时间和过程。这样，经过长此以往的觉察和联系，我们的情绪管理和调节能力就会得到充分的锻炼和提升。

只要多给自己这样的机会，提升自己疏导情绪的能力，我们就可以越来越多地主导自己，掌控自己的情绪，而非为情绪所掌控，不由自主地随波逐流。当然，我也可以用另外一些个性化的方法宣泄和缓解情绪，如向朋友、同事、亲人倾诉，发展自己的社会支持系统，或是通过唱歌、画画、写信、舞动、听音乐、创作、体育锻炼等方式，让那些不愉悦的情绪体验慢慢地从身体里流淌出来。只要我们觉得那是对自身有效的疏导方式，就都可以尝试。当然，这些方式在实施的时候，不要影响到他人，应该遵循悦己怡人的原则。

3. 在日常生活中提升自己的能力、知识和身心健康水平，提高负性情绪的产生阈值

一个人之所以容易被外界影响，产生负性情绪，是和个人的能力、知识和身心状态，特别是心理健康水平直接相关的。刺激事件之所以会激发我们产生紧张、焦虑的情绪体验，促使我们马上进入求生存的压力状态，从心理层面看主要是因为我们觉得这件事很重要，但我们没有十足的把握处理好，而处理不好又会对我们产生巨大的影响，我们心里觉得不安全，从而产生焦虑、紧张的情绪。

但如果我们身体健康，心情放松，内心有足够的安全感，我们的抗干扰能力也会比较强，这样产生负面情绪的阈值就比较高，轻易不会被外界的人、事、物影响，也就不容易焦虑，更不容易紧张。

这就如同一个装着易燃物质的油瓶，外面拖着一根引线，当引线被点燃，油瓶就会燃烧甚至爆炸。重要的是，如果引线够长，引燃、引爆油瓶的时间就会延长，我们就会有余地去思考引燃可能带来的危险；相反，如果引线很短，油瓶就会一点就着，一着就爆，对于自己、对于事情的解决，都是一种伤害。

那么我们的情绪引线有多长呢？怎样才能让引线长一点，点燃得慢一点呢？

要想减少点燃负性情绪的频率，或者增强应对负性事件的能力，重要的就是要固本，也就是提升自我身心健康水平。良好的身心健康水平，意味着油瓶中易燃物质的成分大大降低、本身不易燃，或者点燃油瓶的引线大大拉长，热刺激不容易传导。下面四点经验，希望可以对广大辅导员有所启发。

第一，我们最需要提升应对事情的能力、方法和技巧。当然，这些能力的习得，往往是在一次次的实践锻炼中不断累积的。每一次的挑战，都是一次成长的机会。当我们发现一些事情看起来有困难，但凭借积累的经验和能力可以解决时，就不容易紧张，也不会产生很大的心理压力。

第二，面对不容易或者不会处理的问题时，我们要保持积累经验和学习知识的态度。即使由于自身能力不足，或者条件所限，困难的事情一时还解决不了，我们也可以接纳现状，保有一份良好的心态，主动争取其他支持资源，包括学院、领导、专业机构、同事等，集合大家的智慧。这样，我们就会在越来越熟悉和了解紧急事情的同时放平心态，不容易产生较大压力。

第三，我们要主动提升身体的健康水平。身和心是密切联系的。相对规律的生活、锻炼身体的习惯和过硬的体魄，有利于我们保持一份好心情，情绪也更容易保持稳定。特别是瑜伽、太极等体育活动，对于强身健体、提升心理健康大有裨益。

第四，我们要有针对性地提升自己心理健康水平。一个人的心理健康水平高，就会比较自信，自我价值感比较高，不容易被外界影响。辅导员在工作时，常常要用自身的能力和智慧去指引学生，因此格外需要有意识地提升自信心和自我价值感。

第三节　辅导员如何进行有效的压力管理

关于压力管理，我们首先要区分工作压力和心理压力。

工作压力指工作中由于工作量过大、工作时间过长、超过正常人的身心负荷时产生的压力状态。例如，一个人一天正常工作八小时，这是比较合理的工作时间，但如果让一个人每天连续工作十八小时，大多数人都会很累，身心疲劳，觉得压力太大，但这是单纯过大的工作量导致的压力。这种压力需要管理，但主要就是好好休息，调整工作时间，降低工作量。工作量过大产生的工作压力需要各部门工作人员和领导一起协调解决，如学生工作团队集体作业，这更多的是工作管理领域的问题。

心理压力指外界人和事件的刺激都会影响人的心理状态，产生喜悦、快乐或悲伤、愤怒的情绪，有一些刺激会导致人产生负性情绪（愤怒、委屈、郁闷、悲伤、痛苦、难过等），并同步在心理上产生压力。这些心理压力的产生主要和辅导员的心理因素相关。因为人都有七情六欲，都会对外界的刺激产生一些反应，是自己喜欢的就比较开心，不喜欢的就会痛苦或烦恼。这些压力的产生，主要和辅导员的价值观、自我觉察能力、情绪觉知、情绪管理能力和心理健康水平直接相关。所以通过学习压力管理和情绪管理，辅导员就会提升自我压力管理和情绪管理的能力，这些由于心理因素产生的压力会明显减少，也可以在一定程度上缓解工作量过大对身心产生的影响。

一、做有针对性的压力管理

情绪调节和压力管理息息相关，情绪调节及时就不容易产生压力。每个人的承担力都是有限的。偶尔压力过大时如果可以很快地进行自我调整，一般情况下不会产生比较严重的后果。但日常生活中我们很难保证每次情绪调节都到位、及时、有效，尤其是有时自己明知道有情绪、有压力，但为形势所迫，不得不硬着头皮继续推进工作这样一来，完成任务后，我们的身心就会有很不舒服的体验。所以，给人造成伤害的压力，通常是长期持续的、过度的压力，或一次性、超出最大身心承受能力的压力。这时，我们怎样进行自我调整呢？

1. 针对长期持续的过度压力

长期而持续的高压对于我们的身心健康极具破坏力。没有健康的体魄，又谈何投入工作创新、育人创新的实践呢？所以，如果你长期以来一直承受着高压的负荷，请首先改变这种生存状况。这种高消耗、低产出的低性价比生存选择，对身心健康有很大的负面影响。当然，如果高压状态来自某一段特殊时期的工作安排，或者突发的危机或危急事件，而无法自我控制和轻易叫停，就需要尽快增加工作支持系统，对高压做一定的分解动作。也就是说，如果面对的是不能避免的压力事件，就要建立非常好的自我减压和支持系统。需要注意的是，在采取任何自我减压行动之前，都请按照前面讲的情绪调节方法，先觉察和梳理自己的情绪，与情绪对话，平复情绪；否则我们就会带着愤怒、紧张、焦虑、不安等负性情绪去做那些所谓的减压运动，减压的效果不会很明显。

自我减压体系其实就是一系列可以让自己的身心彻底放松的活动和方法。不管压力多么大，只要一做这些活动，你就觉得非常放松，如躯体运动、体育锻炼，包括跳舞、跑步、打球、打太极、瑜伽等。不管是否专业、标准，只要从事活动的时候，我们可以感受到身心放松的效果就好。除了身体的运动之外，还特别建议辅导员，拥有一两项可以滋养心灵的爱好或者习惯，如听音乐、画画、下棋、看电影、演奏乐器等。当从事这些兴趣爱好活动的时候，我们可以暂时放下手头的工作，全身心地投入，从而得到身心的放松和压力的缓解。

最为重要的是，要建立一个自己的社会支持系统。这个系统由支持自己的亲朋好友、工作伙伴组成。我们可以按照功能属性，把这个支持体系分为两个系统。

第一部分是技术上给予支持的系统。请思考如果你在工作、学习和生活中遇到困难，谁是可以给你意见和建议的专家，谁是可以帮你分析的参谋，谁是可以帮你规划发展的导师；如果你在生活中遇到困难，谁是告诉你如何投资理财的顾问，谁是可以替你联络医生的中间人，谁是你外出后可以托付事情的依靠，谁是把你当作有才之人推荐给他人的伯乐……这些支持系统中的人都是你的技术支持资源，可以帮你解决实际的问题。这些人越多，你的社会支持系统就越稳固，遇到压力的时候，你就可以向他们寻求帮助，让他们替你分担一些压力。

第二部分是从心理上给予支持的系统。你可以静下心来想一想，当你在工作和生活中遇到烦心事时，谁是你可以倾诉的对象，和谁在一起你会比较快乐，谁是你可以一起分享喜悦和悲伤的人，谁会启发你从不同的角度考虑问题，谁会不断挑战你的极限让你不断提升，你可以从谁那里得到心理上的鼓励和支持，你和谁会有心灵上的共鸣，和谁在一起会让你感觉良好……当然，他们可能是你的亲朋好友，也可能是陪伴你很多年的宠物狗、玩具熊。他们是你心理的支撑，虽然他们不是帮你直接解决问题的人，但他们会帮助你有个好心情，分担你的忧愁，分享你的快乐，让你能够更有勇气、更愉快地面对生活。

幸运的是，如果你发现一个人的名字同时出现在这两个名单上，那就意味着他既可以在技术上帮你解决问题，又可以在心理上给你安慰。这样一个人，对你而言意义非凡。所以，如果你愿意，你可以向他表示感谢与欣赏，和他有进一步的联结。不论是请他吃饭，或是送他小礼物，你都是在传递自己的感受，是在告诉他你是多么感谢他所给予你的支持。

在生活中，每个人都离不开朋友。他们是我们成长道路上的推手、支柱、伙伴、中介、开心果、开路者和导师。

请你仔细地列出所有这些人的名字，请你好好珍惜他们，珍惜你们的关系，并不断地滋养和经营这些关系，让这些关系更加紧密。同时，也请你在未来的生活中努力地扩大这两份名单，这样你的支持系统会越来越强大和坚固，你也会在心理上越来越安全，越来越抗压！

2. 针对一次性的过强压力

天有不测风云，人有旦夕祸福。每个人在一生当中，都会经历这样或者那样意料之外的事情。这些不测风云，对于每个人而言，都具有一次性的杀伤力。如果我们没有办法避免飞来横祸，就只有面对它，把它当作命运的考验，同样也是一次严酷的历练与成长。先贤孟子曰："天将降大任于斯人也，必先苦其心志，劳其筋骨，饿其体肤，空乏其身，行拂乱其所为，所以动心忍性，增益其所不能。”抱着这样一种心态生活，就没有我们翻不过的山、过不去的坎、游不过的河。待事情的影响慢慢淡去和转化后，我们需要好好地休养生息一段时间，调节身心。

幸运的是，人生四季，犹如自然界的春夏秋冬，没有一个季节是缺乏魅力的。春天的萌发、夏天的盛放、秋天的收获固然美丽，但如果没有冬天的蕴藏，前三季都会缺乏底蕴，也恰恰是冬天的冷酷与衰败，才让春天的萌发更加富有生命突破的力量。这好比人生中的顺境与逆境，重大问题的来袭自然很残酷，但不经历这些风雨，我们又怎么知道原来我们竟有这般顽强的生命力，它支撑着我们继续艰难地走下去，让我们可以微笑着面对接下来的人生风景。

当然，如果这份巨大的冲击来自某些人，那我们需要学着和给予我们这样压力的人保持距离，当他再次找上门来的时候，我们要更好地保护自己，更坚定地拒绝对方的不合理要求。我们每个人都是有限的，当我们不得不承受痛苦之重时，就格外要珍重自己、保护自己、爱惜自己。

二、压力管理的重要理念

海边双胞胎的故事

妈妈带着一对三岁的双胞胎在沙滩上玩耍。双胞胎紧靠在一起，背对着大海玩着沙子。一个大浪打过来，他们的衣服全被打湿了，鼻子还呛了水，满脸都是沙子。其中一个孩子大哭着向妈妈奔去，喊着：“妈妈，大海吓到我了，我再也不去玩了。”另一个孩子却更开心地坐在那里玩沙子，甚至主动离海浪更近了一些，大笑着说：“真好玩，大海太让我高兴了！”这对双胞胎在面对同样的事情时，反应却完全不一样，他们的区别在哪里呢？

同样一个事件、一个诱发因素，产生的效果可能完全不同。看来，决定人们情绪和行为的不是事件本身，而是人们在面对这个事件时所保持的观点、态度和信念。辅导员在危机处理中经受压力、纠结甚至痛苦，转身来看，又往往因为对事件的冷静思考和对过程中不同人的观察而对人的理解和生命的体验有新的觉察。这确实是人生的一笔财富，是在职业成长中收获的一份智慧。

对于在心理危机发生前、发生过程中和发生后，需要注意的问题和事项，我们在前面都有讲解。下面我们主要从心理信念的层面，给辅导员几条温馨提示。

1. 危机时常发生，无常乃有常

辅导员工作一定会遇到这样或那样的特别事件，所以请各位辅导员教师做好心理准备，不要害怕。辅导员在工作中面对的学生很多，每一位学生都有各自不同的成长故事，难免有几位学生在成长过程中遭遇到一些意想不到的事情，所以出现几位有心理危机的学生是很正常的事情。学生出现了心理危机，并不代表辅导员的工作没有做好；需要注意的是，对于学生的心理危机，我们要及时发现、快速反应、高效应对。危机不仅仅是问题，也可以是机会，出现危机后怎样应对才是我们需要思考和聚焦的问题。

2. 避免单兵作战，增加支持资源

学生心理危机一旦出现，往往不是辅导员一个人就能轻松应对的事情，所以需要第一时间上报领导，快速形成解决问题的团队，这样大家可以集思广益，共同应对问题。否则，如果只有辅导员一个人承担所有未知的责任，那对辅导员个人、学生和工作都是危险的，对学校和学生所在的家庭也是不负责任的。心理危机牵扯到一个人的生命、一个家庭的幸福，所以应对心理危机，不要害怕麻烦别人，可以让学院老师、心理咨询中心、学生管理部门的教师等成为团队成员，让他们成为自己的支持资源。

3. 划清工作界限，分清责任所在

在危机干预中，辅导员要清楚自己需要负担哪些工作。通常一个学生出现心理危机，很少只是因为某一件事情，大多数情况是因为当事人既往家庭关系、成长经历中的一些事情让学生产生了安全感方面的问题。也就是说，在出事之前，学生的心理状况已经有了隐患，只是在当前再次遇到一些挫折时才显出危机倾向。所以说，常见的失恋、补考、就业被拒等事件，通常只是“压倒骆驼的最后一根稻草”。

虽然辅导员不能解决学生之前经历过的所有问题，但是如何建立校园网络安全体系，广泛开展谈心育人工作，及时发现学生的心理危机，发现之后迅速上报并及时采取措施，这些是我们能做的。只要把这些工作做足、做好，我们就能问心无愧。当然，我们也必须遗憾地接受，即使我们做足了一切可能做到的工作，而且做得都很正确，也不代表学生就一定不会出现心理危机，但至少在此之前我们要尽力做好自己的本职工作。

4. 维护好自己的心理健康是做好工作的前提

在日常的工作生活中，辅导员就属于高压力人群。因此，在处理心理危机的过程中，辅导员要注意维护自己的心理健康。越是需要自己作为资源进行工作的职业，越是需要格外留意自己的情绪状况，使压力水平处在正常可接受范围内，及时疏导自己的情绪，通过转换工作缓解压力，特别要预防抑郁症的发生。只有当我们有能力爱自己，才能把这份人生智慧传递给身边的学生，才能够真正做到用我们的生命影响其他的生命。

第四节　辅导员如何进行自我关爱

如果说，情绪和压力的管理是加固辅导员内在功力的“术”，那么自我关爱就是让我们情绪稳定地面对人生诸多不确定性，应对工作中的变化和困难的“道”。自我关爱，看上去空虚缥缈，无章法可依，实际上，当我们学会更智慧、更丰盛地爱自己时，我们就能够更敏锐地感知爱，更顺畅地表达爱，也能够更加平和地，以更加成熟的方式做好爱人、育人的教育工作。

一、什么阻挡了“我本可爱”

每个人生下来就是可爱的，无论我们记得与否、相信与否。当我们去观察婴儿的时候，他们通常圆圆的、胖胖的，没有牙齿，也没有什么头发，并且常常流口水、随意排泄，但是这些都没有妨碍我们觉得他们可爱与完美。如果我们留心觉察，就会发现婴儿是多么的真实，他们没有面具，没有评判，没有角色，没有穿戴盔甲，更没有戴有色眼镜。我们所见的，就是他的天性使然。他们不会试图成为另一个人，不会努力为了迎合别人而表现得格外谦虚、恭敬、幽默或魅力四射。同时，他们更没有指责、讨好、打岔、回避、伪装，甚至欺骗。他们不必伪装、表现得可爱，因为他们本就是可爱的。实际上，我们每个人都经历过这个生长时期。婴儿展现了我们每一个人的原始真相，那就是“我本可爱”。

然而随着我们一天天长大，大多数人开始产生一些看似矛盾的观点。我们被周围的重要他人所爱，但从感受上来看，这些爱往往并非无条件的。我们从父母、老师、亲朋好友那里，常常收到这样的信息：“如果你……，你就会是一个让人喜欢的好孩子/乖孩子/我们喜欢的孩子”，或者“当你……时，你就很讨人喜欢”。看来，这些爱或者喜欢，都不是白白得来的。于是在成长过程中，我们开始努力达到那些要求，从而让自己被爱，让自己配得上那么多爱。

所以慢慢地，我们总结出一些规律：当我们表现得很乖时，妈妈会微笑着夸奖我们；当拿到好排名、好成绩时，老师会更加喜欢我们；当比隔壁家的孩子表现得更优秀时，爸爸会说我们很争气，会拍拍我们的肩膀称赞我们；当对好友的选择表示赞同时，他也会更加喜欢我们……

因为每个我们的重要他人都对给予爱有不同的要求，所以我们就会为了得到这些有条件的爱而不断地调整自己。有些调整是积极的，如不去打人、学会分享、遵守纪律、撞到行人之后主动说“对不起”……这些都是对个人的成长有益的。有些自我调整是健康的、有意义的、必然的，但是为了迎合有条件的爱而做过度的调整，甚至掩盖和压抑原本的自己，取而代之的是摁住心中的不悦，努力讨好别人的姿态，心里祷告着如果不惹麻烦就可以得到更多的爱，这就变为迷失了真实自我的体验。

尽管有条件的爱是针对行为的养成而非我们本身，但是在孩子的心目中，为了生存和得到更多的爱，证明自己是值得爱的，就会慢慢地强化那个孩提时代所塑造、扮演的角色，甚至有的人会带着这个角色度过一生。这些角色很重要，它会影响我们日后与恋人、朋友、同事以及和孩子的关系。

在选择从事辅导员工作的教师群体中，孩提时代可能会较多呈现出下面四种比较常见的角色。读读看，你的童年回忆中，有没有类似的童年角色身影？

形象一：“乖孩子”角色，他们相信“我只要乖乖的就会被爱”。他们小时候常常像小大人一样，听话，整洁，不惹事，服从，长大后也会努力成为“好朋友”“好搭档”“好家长”“好员工”。想做他人眼中的好人是正常的，也是值得欣赏的，但是告诉自己“必须”“永远”都要好，只有这样才值得被爱，那就是有问题了。这些为了各种标准下的“好”而努力的角色背后，隐藏着“我不够好”的恐惧。在努力达到的过程中，他们甚至掩盖了自己的本心，为了得到肯定而让自己身心俱疲。

形象二：“小帮手”角色，他们相信“只要我帮助你，你就会爱我”。他们总是如同小天使或者小护士一样，把所有的他人都放在自己的前面，而把自己放在最后，忙着做这做那。他们允许自己去帮助别人，不允许自己被他人帮助，好像那样就给别人添了麻烦。他们用“给予者”的身份赢得了友情，同时对方也就成为单一的“接受者”。长此以往，筋疲力尽和种种牺牲便成了自然而然的事情。他们愿意选择需要不断付出的工作，在恋爱关系中也常常吸引想要被拯救的人。帮助别人是一种很美丽的爱的表现，但是需要自己“必须”“一直”帮助别人，则是在乞求爱、换取爱。他们常常抱有一种理念，即我帮助了你，我才值得被爱；如果我什么都不做，那我不值得被爱。

形象三：“小明星”角色，他们相信“如果我出类拔萃，我就会被爱”。他们努力让父母骄傲，让隔壁的孩子羡慕，并因依靠努力获得的荣誉而享受着掌声。当他相信好的一面才值得被爱时，就会强迫自己事事都做到最好。对他们而言，爱就好比是奥斯卡奖，只有自己演得最好才有机会获此殊荣。这背后依然存在一种“我不可爱”的原始恐惧，不相信本真的我比努力成为“杰出”“模范”“带头人”的我更值得被爱。

形象四：“独立小孩”角色，他们相信“我独立便不会受到伤害”。他们好像是小士兵一样逐渐强壮、成长，并且喜怒都不行于色。童年时期，独立往往是他们的生存方式，独立才能存活下去，免受伤害。然而成人之后，曾经拯救过他们的独立，妨碍了他们对爱的信任，他们不知道如何让自己接受爱。那些“独来独往者”“格格不入者”，也有类似的心理历程。

马斯洛的需求理论认为，人的需求分为生理需求、安全需求、社交需求、尊重需求和自我实现需求这五个层次。按照发展和级别，人的需求会由求生存的级别提升到求发展的更高级别。童年角色的形成，往往源于小时候“我不可爱”的恐惧，于是生发出证明自己是值得爱的表现方式，这是小时候的我们“求生存”的方式。如今，已经成年的我们，除了要理解自己身上所带的童年角色之外，还要从“求发展”的角度，对这些影响到我们的应对方式进行调整，从而让自己更快乐、更幸福、更健康。这样，我们可以保存那些角色带来的有益之处，同时，对于妨碍我们感受到爱、传达爱的部分，尝试着看到、理解、感谢乃至放下。

越是思考爱，我们就越不得不承认爱的重要性，就越发现爱与被爱的渴望是我们的基本需求。爱就像空气、水和食物一样重要。如果用一句话回答，那就是生命的本质是爱，生命需要的也是爱。只有爱能唤醒生命，催动生命回归本质。生命的每一个需要，本质上都是爱。身体需要水、食物、睡眠、性，这些都是身体的需要，用一种健康的方式满足自己，就是爱。如果没有健康的方式来满足，生命就会“饥不择食”，会采取任何可能的方式，包括不健康的方式、伤害别人的方式，来满足求生存的需求。就好比如果一个人总是喝不到水，那么即便看到一瓶脏的水他也会喝下去，虽然之后会拉肚子。

生理需要是这样，心理的需要也是这样。爱、欣赏、认可、陪伴、支持、关心、有价值、自由、做自己……这些都是人类的基本心理需求。如果总是不能得到满足，人就会饥渴。如果用不健康的方式来满足，就会付出代价。

所以，关爱自己，关爱自己的生命，就是正视自己的生命，觉察自己的需要，满足这些需要。当生命的需要真的被满足，我们就会由关爱自己开始，发展到有能力去关爱别人。

自我关爱的能力是与生俱来的，就像我们小时候吃饱了睡、饿了就哭一样。然而，随着慢慢地成长，我们经历的事情可能会影响到这种能力的发挥。最常见的原因有两个：一是渐渐不了解、不理解自己的生命，所以也就谈不上了解自己是谁以及想要什么，也就无法用生命需要的方式爱自己，更无法以成熟的方式爱别人；二是永远用高标准要求自己，总是觉得自己不够好，希望能够获得一些外在的东西，包括荣誉、称号、成绩、别人的赞美，只有这样才能认可自己，才觉得自己足够好，才能心安。

极端的完美主义者就属于后者，他们往往在内心深处觉得自己不够好，不够安全，所以希望透过外在的完美让自己的安全和得到外部的认可。为了获得完美、认可和安全，他们甚至常常不顾自己身体和心理的需要，强迫自己过度工作。这样做，他们满足自己取得成就、获得安全和认可的需要，但代价是过度压抑自己需要休息和放松的需要，甚至最终致使抑郁症、过劳死的发生。这就需要重视、看到和尝试满足自己内在的每一种需求，不过分，也不压抑。恰到好处的才是适合生命的。

辅导员既要扮演好学生生活中的知心姐姐或哥哥的角色、危机处理中的救火队和消防员的角色、学习和就业方面的领航员的角色，又要处理好繁忙的工作与家庭生活之间的平衡，还要不断奋勇实现自我的价值。这些工作需要辅导员有很多的付出和热情，从长远发展的角度上看，更需要他们在身心层面上不断看到自己的需求，满足自己的需求，主动地滋养生命。

二、对于滋养生命，我可以做什么

“自我关爱”，简单来说，就是了解和满足内在需求，滋养自己的生命。自我关爱体系的建立，关乎身体、心理、人生观和价值观等；自我关爱的途径和技巧，也是经由对身体、心理、观念的关照和滋养实现的。

尤其当我们在繁忙的工作和生活中，觉得身心劳累时，身体和情绪就会发出一些信号提示我们：我不好了，我需要滋养。如果有那么一个片刻，你停留在和自己的联结中，就可以听到那种声音。这个声音告诉我们，需要为自己的生命加一点油、添一点热度、增加一些动力了。

如果生命是一株迎着风雨、含苞待放的鲜花，那么支持我们迎接风雨的勇气和力量，就源于营养我们的能量。它主要有四个来源，一是自己对自己的爱，二是父母亲人对自己的爱，三是友情传递的爱，四是恋人之爱。其中，特别重要的就是自己对自己的爱，相对更容易获得的是父母给予自己的爱。

爱有五种语言，可以供我们学习和练习如何表达、感受和增加爱。爱语一是“肯定的言词”。人类最深层的需要，就是感觉到被人欣赏，其关键词有鼓励、肯定、仁慈、谦和。爱语二是“精心的时刻”，给予对方全部的注意力。爱语三是“接受礼物”（送出礼物）。礼物可提醒对方“我还爱着你”。爱语四是“服务的行动”，是通过为他服务使他高兴，表示对他的爱。爱语五是“身体的接触”。肢体接触是人类感情沟通的一种微妙方式，也是表达爱的有力工具。

表达爱、传递爱的方式多种多样，我们可以用这些语言表达对亲朋好友的爱，同样也可以用这些方法来表达对自己的爱和关照。在这里，还有三种帮助我们滋养生命的具体做法。

第一，从更多地爱自己开始，增加自爱的滋养意识。

首先，要多学多做，给予自己更多的肯定。人的自信心常常来自自我的肯定和外部的肯定，当我们做了很多事情，觉得效果非常好，也获得了周围的人发自内心的肯定和欣赏的时候，我们的自信心就会建立起来。所以，我们需要不断地学习知识，提升自己的能力，尤其是学会自我肯定，不断增强自信心。

其次，处理好自我肯定与他人肯定的关系。我们在成长的过程中，需要别人的肯定，但不能依赖别人的肯定。心理健康水平不够高的人，很容易被别人的批评和否定影响。在争取获得外部肯定的时候，我们需要更多地看到内在的需求，尤其看看自己可以如何满足自己的内在期待。我们要学会自我肯定和自我欣赏，而不是过度依赖外部评判。过度自大和过度自卑，其实都是不自信：一个用否定别人来回避自己的不自信，一个用否定自己来避免和别人的冲突。一个真正自信的人，一个真正懂得欣赏自己、肯定自己的人，一定懂得如何欣赏和肯定别人。

第二，与父母亲友有更多的联结，增加友情、亲情、爱情的滋养。

通常，对个人自信心的形成影响最大的就是父母。但很多时候，因为父母亲缺乏耐心，生活压力大，或者缺乏相关的教育知识等，许多孩子并不能在家庭中获得足够的肯定和支持，甚至经历过一些对心理健康产生严重影响的事件，从而影响到个人的安全感和对爱的感知及表达能力。

个人与父母的关系直接与个人的心理健康水平相关。而要改善个人的心理健康水平，最快速、最有效的方法往往是改善个人与父母的关系。

我们与父母的关系越紧密，内心的安全感就会越多；对父母年轻时父母角色的有限性有更多的接纳和理解，就会与父母有更深的联结。传统孝文化强调孝顺父母，就是要求我们在内心深处敬爱父母、感恩父母。真正能做到这些的人懂得感恩，愿意谅解，懂得接纳，他在心理上就是健康的、有安全感的。在内心深处接纳父母、爱父母的人，也更容易成为幸福健康的人。

第三，在生活和工作中联结自身生命力，绽放生命的意义。

下面，我们要讲一个小男孩与海星的故事。

海滩上，海星被海浪冲到岸边，很多海星在烈日的暴晒下即将干涸。一个小男孩一大早就到了海边，捡起一个个被冲到海岸的海星，用力抛回大海。一位老爷爷见了，不解地问他：“孩子，你这样做有什么用呢？你看，就算你把它们扔回大海，海浪还是会把更多的海星冲到岸边。”小男孩拿起一只海星，远远地抛入大海。然后，他回答道：“老爷爷，你看，对这个海星而言，它的命运就会不一样！”

故事中小男孩的行为就如同我们的学生辅导工作。看起来，无法解决、很难解决的问题层出不穷，面临问题的学生也是源源不断。尽管如此，对于每一位来访的、向我们求助的学生而言，当我们确实陪伴他们渡过了难关，他们的生活就会有不同的意义。这恰恰也是辅导员工作的价值和意义所在：用我们的生命和爱，去影响另一个、再一个生命，让他们变得更加美好和丰盛。我们的生命的意义，也经由辅导员职业得到了进一步的彰显和扩充。

在这一章中，我们探讨了辅导员如何进行自我情绪和压力管理，如何理解自我关爱和如何进行自我关爱。如果用一句话来概括这一章的意义，那就是我们希望每一位辅导员教师都能学会好好地关照自己和爱自己！

最后，送上对老师们深深的祝福，希望大家好好地爱自己，快乐地工作，幸福地生活！

参考文献

[1] 韦恩瑞伯，布罗契．危机干预与创伤反应理论与实务［M］．黄惠美，李巧双，译．广州：广东世界图书出版公司，2003.

[2] 利普顿．信念的力量［M］．喻华，译．北京：中国城市出版社，2012.

[3] 查普曼．爱的五种语言［M］．王云良，译．北京：中国轻工业出版社，2006.

[4] 雷雳．发展心理学（第2版）［M］．北京：中国人民大学出版社，2013.

[5] 林崇德．发展心理学（第2版）［M］．北京：人民教育出版社，2008.

[6] 霍尔登．爱的能力［M］．汤珑，译．南京：译林出版社，2014.

[7] 拉思．铁杆朋友：人生一定要有的8个朋友［M］．林锦慧，但汉敏，译．北京：中国青年出版社，2010.

[8] 王建中，张军．中国特色大学生心理健康教育［M］．北京：北京航空航天大学出版社．2015.

[9] 西格尔，威廉姆斯，蒂斯代尔．抑郁症的内观认知疗法［M］．刘兴华，等，译．北京：世界图书出版公司北京公司，2007.

[10] 贝曼．萨提亚转化式系统治疗［M］．钟谷兰，等，译．北京：中国轻工业出版社，2009.

[11] 贝曼．萨提尔成长模式的应用［M］．江丽美，等，译．台北：心灵工坊文化事业股份有限公司，2008.

[12] 吉利兰，詹姆斯．危机干预策略［M］．肖水源，等，译．北京：中国轻工业出版社，2000.

[13] 王东升．重度抑郁伴自杀倾向的大学生综合性心理危机干预［J］．高校辅导员，2017（1）：76-79.

[14] 龙迪．心理危机的概念、类别、演变和结局［J］．青年研究，1998（12）：42-45.

[15] 史辉．高校大学生自杀的心理分析及心理危机干预研究［J］．北京青年政治学院学报，2010（2）：7-10.

[16] 岳晓东. 登天的感觉 [M]. 上海：上海人民出版社，2008.
[17] 阿德勒，普罗科特. 沟通的艺术 [M]. 黄素菲，李恩，译. 北京：世界图书出版公司北京公司，2015.
[18] 沈渔邨. 精神病学（第4版）[M]. 北京：人民卫生出版社，2001.
[19] G.Caplan.The Principles of Preventive Psychiatry [M]. New York: Basic, 1964.